U0368686

单片机原理及接口技术
(C51 编程)(微课版)

魏鸿磊　李明颖　吕　艳　刘丹妮　编著

清华大学出版社

北　京

内 容 简 介

本书是作者根据多年从事单片机软、硬件开发和教学实践经验，为满足高等院校各专业单片机原理及接口技术课程教学的需要而编写的。本书共分 12 章，主要介绍了 8051 系列单片机的基本结构和原理、C51 语言的基础知识、定时器/计数器和中断系统的知识、串行通信技术、单片机系统资源扩展技术、人机通道接口技术、前向通道接口技术、后向通道接口技术、新型串行接口技术等内容。本书在编写时力求内容通俗易懂，硬件原理讲解以"有用、够用"为原则，注重实例教学，使单片机的原理及应用知识变得简单、直观，方便读者掌握单片机的 C 语言编程方法和接口技术，为将来从事单片机系统开发打下坚实的基础。

本书可作为高等院校机电工程、电子技术、计算机、自动控制等专业的教材，也可供从事 MCS-51 单片机应用工作的工程技术人员参考。

本书封面贴有清华大学出版社防伪标签，无标签者不得销售。
版权所有，侵权必究。举报：010-62782989，beiqinquan@tup.tsinghua.edu.cn。

图书在版编目(CIP)数据

单片机原理及接口技术：C51 编程：微课版/魏鸿磊等编著. —北京：清华大学出版社，2022.9
ISBN 978-7-302-61466-1

Ⅰ. ①单… Ⅱ. ①魏… Ⅲ. ①微处理器—基础理论—高等学校—教材 ②微处理器—接口技术—高等学校—教材 Ⅳ. ①TP368.1

中国版本图书馆 CIP 数据核字(2022)第 136116 号

责任编辑：陈冬梅
装帧设计：李　坤
责任校对：吕丽娟
责任印制：朱雨萌
出版发行：清华大学出版社
　　　　网　　　址：http://www.tup.com.cn, http://www.wqbook.com
　　　　地　　　址：北京清华大学学研大厦 A 座　　　邮　　编：100084
　　　　社 总 机：010-83470000　　　　邮　　购：010-62786544
　　　　投稿与读者服务：010-62776969, c-service@tup.tsinghua.edu.cn
　　　　质量反馈：010-62772015, zhiliang@tup.tsinghua.edu.cn
　　　　课件下载：http://www.tup.com.cn, 010-62791865
印 装 者：北京国马印刷厂
经　　销：全国新华书店
开　　本：185mm×260mm　　印　张：13　　字　数：312 千字
版　　次：2022 年 11 月第 1 版　　印　次：2022 年 11 月第 1 次印刷
定　　价：45.00 元

产品编号：088812-01

前　言

　　单片机功能强、价格低、体积小、可靠性好、开发应用简单，是嵌入式应用系统和智能化产品开发的首选，广泛应用于工业控制、家用电器、军事装备、航空航天等众多领域。近年来，国内高等院校普遍在机械电子工程、机械设计制造及其自动化等非信息类专业中开设了单片机课程，但相关教材大都使用汇编语言进行编程和描述。虽然采用汇编语言有利于学生更透彻地掌握单片机原理，但汇编语言难学难记，且对单片机的硬件知识掌握程度要求较高。而非信息类专业的学生普遍电子学知识欠缺、编程能力较弱，因此采用汇编语言学习单片机难度较大，效果不理想。随着单片机技术的发展，高速度、大容量的新型单片机芯片不断推出，采用 C 语言开发的单片机程序体积大、运行速度慢的缺点逐渐得到克服。目前，工程界已经广泛使用 C 语言进行单片机开发和应用，不但可以大大降低对硬件知识掌握程度的要求，降低学习难度，而且可以明显加快软件开发速度，增加软件的可读性，使之便于移植、维护和改进。当前，在各高校普遍压缩理论课学时并加强实践教学的背景下，为使非信息类本科生能尽快掌握单片机原理和应用知识及技能，降低入门难度，编写一本通俗易懂，理论知识以"有用、够用"为原则，注重实例教学和应用技能培养的教材非常有必要。

　　本书第 1～5 章由大连工业大学李明颖编写、8～10 章由大连工业大学吕艳编写，其他章由大连工业大学魏鸿磊编写，全书由魏鸿磊进行统稿，大连科技学院刘丹妮绘制了全书插图，对全书例程进行了仿真，并制作了课件。本书在编写过程中参考了许多文献资料的内容，在此向各文献资料的作者表示感谢。

　　由于编者水平有限，书中难免有不妥之处，敬请广大读者批评指正。

编　者

目　　录

第1章 绪 论

学习目标

● 了解：单片机发展历程及趋势、应用范围、常见单片机类型，以及单片机的学习方法。

本章主要介绍了单片机的发展历程及趋势、应用范围、常见单片机类型，以及单片机的学习方法，为进一步的学习打下基础。

概述.wmv

单片机体积小、价格低、可靠性高且开发应用简单，是嵌入式应用系统和小型智能化产品开发的首选。从人们生活中广泛使用的电子产品、家电、汽车，到工农业生产及航空航天用到的各种自动化控制、检测设备，单片机几乎无处不在，应用极为广泛。

1.1 单片机简介

单片机是一种集成的电路芯片，是采用超大规模集成电路技术把具有数据处理能力的中央处理器(CPU)、随机存储器(RAM)、只读存储器(ROM)、多种 I/O 接口和中断系统、定时器/计数器等功能集成到一块硅片上构成的一个小而完善的计算机系统。有些型号还包括显示驱动电路、脉宽调制电路、模拟多路转换器、A/D 转换器等电路。单片机是按工业应用要求设计的，其抗干扰能力强、运行稳定性高，但受集成度限制，其运行速度较慢，片内存储器容量较小，一般应用在小型低成本控制系统上。

单片机的工作机制是通过编程控制各个引脚在不同时刻输出高电平或者低电平，进而控制与引脚相连的外部芯片或电路的电气状态，完成一定的功能，因此单片机的接口设计非常重要。接口是单片机与外部设备进行信息交互的电路和程序的统称。单片机接口技术是研究如何设计性能良好的接口电路，并在接口电路的基础上通过编程实现对外设进行控制从而实现特定功能的技术。单片机接口主要包括以下几类。

1. 人机通道

人机通道是指用户与单片机系统进行信息交流的通道，用以提供人机交互功能，如用户的指令或数据的输入以及运行结果的输出显示等。

2. 前向通道

前向通道是指传感器等检测设备信号输入单片机的电路通道，即反映外界状态信号变化的信息输入通道。

3. 后向通道

后向通道是指单片机与被控制对象的接口电路，即单片机控制外部设备的通道。

4. 通信通道

通信通道是指单片机与其他单片机或外设之间的信息传输接口电路，包括并行接口、串行接口等信息传输通道，可以实现信息交换、多机控制、数据存取等功能。

1.2　单片机的发展历程

美国 Intel 公司在 1971 年 11 月推出了单片机的雏形——Intel 4004，拉开了单片机快速发展的序幕。到目前为止，单片机已有数百个品种，其发展过程可分为以下几个阶段。

第一阶段(20 世纪 70 年代初期)，即单片机初级阶段。20 世纪 70 年代，微电子技术正处于发展阶段，集成电路属于中规模发展时期，各种新材料、新工艺尚未成熟，单片机仍处在初级发展阶段，元件集成规模还比较小，功能比较简单，一般均把 CPU、RAM(有的还包括一些简单的 I/O 口)集成到芯片上。较重要的产品有 1971 年 Intel 公司的霍夫研制成功的世界上第一块 4 位微处理器芯片 Intel 4004，标志着第一代微处理器的问世，4004 包含 2300 个晶体管，尺寸规格为 3 mm×4 mm，计算性能远远超过当年的 ENIAC。1972 年 4 月，霍夫等人开发出第一个 8 位微处理器 Intel 8008。1973 年 8 月，霍夫等人研制出 8 位微处理器 Intel 8080，主频 2 MHz 的 8080 芯片运算速度比 8008 快 10 倍，可存取 64KB 存储器，使用了基于 6μm 技术的 6000 个晶体管。类似的产品还有 Fairchild 公司的 F8 和 Zilog 公司的 Z80 等微处理器。总体上，这个阶段的产品还需配上外围的其他处理电路才能构成完整的计算机系统，因此它还不是真正意义上的单片机。

第二阶段(20 世纪 70 年代中后期)，即单片机中级发展阶段。1976 年 Intel 公司推出了 MCS-48 单片机，集成了 CPU、存储器、I/O 接口、定时器/计数器、简单的中断系统及时钟等部件，是真正意义上的单片机。它因体积小、功能全、价格低的特点而具有广泛的应用领域，为单片机的发展奠定了基础，成为单片机发展史上重要的里程碑。其后，各大半导体公司相继研制和发展了自己的单片机，如 Zilog 公司的 Z8 系列。到 20 世纪 80 年代初，单片机已发展到高性能阶段，如 Intel 公司的 MCS-51 系列、Motorola 公司的 6801 和 6802 系列、Rokwell 公司的 6501 及 6502 系列等。此外，日本著名电气公司 NEC 和 Hitachi 都相继开发了具有自己特色的专用单片机。

第三阶段(20 世纪 80 年代至今)，即单片机高级发展阶段。20 世纪 80 年代，世界各大公司均竞相研制出品种多、功能强的单片机，有几十个系列、300 多个品种，此时的单片机大多集成了 CPU、RAM、ROM、数目繁多的 I/O 接口、多种中断系统，甚至还有一些带 A/D 转换器的单片机，功能越来越强大，RAM 和 ROM 的容量也越来越大，寻址空间甚至可达 64KB，应用领域更广泛。传统的 8 位单片机的性能也得到了飞速提高，代表产品是 Intel 公司的 MCS-51 系列，处理能力比 20 世纪 70 年代的 MCS-48 系列提高了数百倍。1982 年以后，16 位单片机问世，代表产品是 Intel 公司的 MCS-96 系列，16 位单片机比起 8 位机，数据宽度增加了 1 倍，实时处理能力更强，主频更高，集成度达到了 12 万只晶体管，RAM 增加到了 232B，ROM 则达到了 8KB，并且有 8 个中断源，同时配置了多路 A/D 转换通道、高速的 I/O 处理单元，适用于更复杂的控制系统。随着工业控制领域要求的提高，20 世纪 90 年代以后，世界各大半导体公司相继开发了功能更为强大的单片机。美国 Microchip 公司发布了一种完全不兼容 MCS-51 的新一代 PIC 系列单片机，引起了业界的广泛关注，特别是它的产品只有 33 条精简指令集吸引了不少用户，使人们从 Intel 的 111 条复杂指令集中走了出来。PIC 单片机获得了快速发展，在业界中占有一席之地。Motorola 公司相继发布了 MC68HC 系列单片机，日本的几个著名公司也研制出了性能更强的产品，但日本的单片机一般均用于专用系统控制，而不像 Intel 等公司投放到市场形成通用单片机。例如，NEC 公司生产的μCOM87 系列单片机，其代表作μPC7811 是一种性能相当优秀的单片机。Motorola 公司的 MC68HC05 系列的高速低价等特点赢得了不少用户。Zilog 公司的 Z8 系列产品代表作是 Z8671，内含 BASIC 调试解释程序，极大地方便了用户，而美国国家半导体公司的 COP800 系列单片机则采用先进的哈佛结构。Atmel 公司则把单片机技术与先进的 Flash 存储技术完美地结合起来，发布了性能优异的 AT89 系列单片机，中国台湾的 Holtek 和 Winbond 等公司也纷纷加入单片机发展行列，凭着其廉价的优势占有一部分市场。1990 年美国 Intel 公司推出了 80960 超级 32 位单片机引起了计算机界的轰动，产品相继投放市场，成为单片机发展史上又一个重要的里程碑。目前，高端的 32 位单片机主频已经超过 300MHz，性能直追 20 世纪 90 年代中期的专用处理器。当代单片机系统已经不是只在裸机环境下开发和使用，大量专用的嵌入式操作系统被广泛应用在全系列的单片机上，而在作为掌上电脑和手机核心处理的高端单片机甚至可以直接使用专用的 Windows 和 Linux 操作系统。

1.3　常见单片机简介

1. MCS-51 系列单片机

MCS-51 系列单片机是 Intel 公司推出的通用型单片机，基本型为 8031、8051。8031 包括 1 个 8 位 CPU、128B 数字存储器 RAM、21 个特殊功能寄存器 SFR、4 个 8 位并行 I/O 口、1 个全双工串行口、2 个 16 位定时器/计数器、5 个中断源，但片内没有程序存储器 ROM，需要外部扩展程序存储器芯片。8051 是在 8031 基础上集成了 4KB 的只读程序存储器 ROM，其他与 8031 相同；Intel 在 MCS-51 系列产品基础上，又推出了增强型 52 系列产品，典型产品为 8032、8052、8752，它们内部的 RAM 增加到 256B，16 位定时器/计数器增加到 3 个，中断源增加到 6 个，串行口通信速率大大提高，8052、8752 的程序存储器增加到 8KB。

20 世纪 80 年代中期以后，Intel 公司将重点放在 PC 类兼容高档芯片开发上，因此将 MCS-51 系列单片机中的 8051 内核使用权采用专利互换或出让给世界许多著名 IC 制造厂商，如 Philips、NEC、Atmel、AMD、Dallas 等，这些厂家在此基础上推出了种类众多的单片机，尽管 MCS-51 系列单片机形式、性能及功能各异，但这些单片机都可与 MCS-51 指令系统兼容，开发应用方法也基本相同，因此统称为 51 单片机。目前以 8051 为内核的

MCU 系列单片机在世界上产量最大，应用也最广泛，已成为 8 位单片机的主流，成为事实上的标准 MCU 芯片。目前市场上常见的 51 单片机系列有以下几种。

(1) Atmel 系列单片机。

Atmel 公司是美国 20 世纪 80 年代中期成立并发展起来的半导体公司，该公司将闪烁存储技术(Flash)与 8051 内核相结合，形成了片内带有 Flash 存储器的 AT89 系列单片机，包括 AT89C5x/AT89S5x 两个系列，与 MCS-51 系列单片机在原有功能、引脚及指令系统方面完全兼容，某些品种增加了一些新功能，如看门狗定时器(WDT)、在线编程(ISP)、串行接口技术(SPI)等，如图 1-1 所示。除了常见的 C51、S51、C52、S52 等产品外，还有低电压低功耗的 L 系列、在低电压低功耗 L 基础上增强型内核 LS/LP 系列以及低电压的 LV 系列等产品，如 AT89LS52、AT89LV51 等。AT89 系列单片机片内 Flash 存储器允许使用编程器或串行下载对其重复编程。由于工业应用中很多情况下只需要写入一次程序即可，所以 Atmel 又推出了一次性可编程的 87 系列，如 AT87F51、AT87C5103 等。

图 1-1　MCS-51 单片机

(2) Philips 51PLC 系列单片机。

Philips 公司的单片机是基于 80C51 内核的单片机，嵌入了掉电检测、模拟以及片内 RC 振荡器等功能，这使 51PLC 在高集成度、低成本、低功耗的应用设计中可以满足多方面的性能要求，如图 1-2 所示。

图 1-2　51PLC 单片机

(3) STC 系列单片机。

STC 系列单片机是我国宏晶科技具有自主知识产权、抗干扰能力强的增强型 51 单片机，有多种子系列、几十个品种，以满足不同应用的需要，可直接替换 Atmel 等公司的产品，如图 1-3 所示。

图 1-3　STC 单片机

2. PIC 系列单片机

PIC(Peripheral Interface Controller)单片机由美国 Microchip(微星)公司推出，首先采用了 RISC 结构的嵌入式微控制器，具有高速度、低电压、低功耗等优点。PIC 单片机产品从低到高有几十个型号，可满足各种需要，如图 1-4 所示，如 PIC16F18446 系列单片机是用于传感器节点的理想器件。PIC16F18446 及其集成的具有计算功能的模数转换器(ADC2)的工作电压范围为 1.8～5 V，并兼容大多数的模拟输出传感器和数字传感器，该 12 位 ADC2 可自动进行滤波处理，提供更精确的模拟传感器读数，并最终提供更高质量的终端用户数据。由于 ADC2 能按需唤醒内核，降低了系统的功耗，使得该 MCU 非常适用于电池供电型应用。此外，这一功能也使传感器节点能够以小型电池为动力运行，从而减少了终端用户的维护成本和整体设计占用空间。PIC 单片机广泛应用于计算机的外设、家电控制、电讯通信、智能仪器、汽车电子及金融电子等各个领域。

图 1-4　PIC 单片机

3. AVR 系列单片机

AVR 单片机是 1997 年由 Atmel 公司利用 Flash 新技术研发出的精简指令集的高速 8 位单片机，如图 1-5 所示。采用精简指令集以字作为指令长度单位，指令长度固定，指令格式与种类、寻址方式相对较少，取指周期短，又可预取指令，实现流水作业，故可高速执行指令。AVR 单片机有丰富的外设，如看门狗电路、低电压检测电路 BOD 等，增强了系统可靠性。I/O 端口驱动能力强，工业级产品具有大电流驱动能力，可省去功率驱动器件，直接驱动可控硅或继电器。另外，还有模/数转换电路(ADC)、脉冲宽度调制电路(PWM)等片内外设，为工程应用带来了方便。

图 1-5　AVR 单片机

4. STM32 系列单片机

STM32 系列单片机是由 ST 公司推出的，是 ARMCortex-M 内核的 32 位微控制器，是一款高性能、高性价比芯片，特点是拥有双 12 位 ADC、4Mb/s 的 UART、18Mb/s 的 SPI、18 MHz 的 I/O 翻转速度、待机功耗低至 $2\mu A$ 以及复位电路、低电压检测、RC 振荡器等电路高度集成化。到目前为止，ST 已经推出了基本型、增强型、USB 基本型系列、互补型等一系列芯片，功能越来越强大，主要用于交通运输、UPS 电源、充电桩、功率转换器、计算机等方面。

5. TI 系列单片机

德州仪器提供了 TMS370 和 MSP430 两大系列通用单片机。TMS370 系列单片机是 8 位 CMOS 单片机，具有多种存储模式、多种外围接口模式，适用于复杂的实时控制场合；MSP430 系列单片机是一种超低功耗、功能集成度较高的 16 位低功耗单片机，特别适用于要求功耗低的场合。

1.4　单片机的应用

单片机广泛应用于仪器仪表、家用电器、医用设备、航空航天、专用设备的智能化管理及过程控制等领域，大致可分以下几个范畴。

1. 在智能仪器仪表上的应用

单片机具有体积小、功耗低、控制功能强、扩展灵活、微型化和使用方便等优点，广泛应用于仪器仪表中，结合不同类型的传感器，可实现如电压、功率、频率、湿度、温度、流量、速度、厚度、角度、长度、硬度、元素、压力等物理量的测量。采用单片机控制使得仪器仪表数字化、智能化和微型化，且功能比采用电子或数字电路更加强大，如精密的测量设备包括功率计、示波器以及各种分析仪。

2. 在工业控制中的应用

用单片机可以构成形式多样的控制系统、数据采集系统，如工厂流水线的智能化管理、电梯智能化控制、各种报警系统以及与计算机联网构成二级控制系统等。

3. 在家用电器中的应用

可以这样说，现在的家用电器广泛采用了单片机控制。例如，电子玩具或者高级的电视游戏机中，应用单片机实现其控制功能；而洗衣机可以利用单片机识别衣物的种类与脏污程度，从而自动选择洗涤强度与洗涤时间；在冰箱、冷柜中采用单片机控制可以识别食物的种类与保鲜程度，实现冷藏温度与冷藏时间的自动选择；微波炉也可以通过单片机识别食物种类从而自动确定加热温度与加热时间等，这些家用电器在应用单片机技术后，无论是性能还是功能，与传统技术相比均有长足的进步。

4. 在计算机网络和通信领域中的应用

现代的单片机普遍具备通信接口，可以很方便地与计算机进行数据通信，为在计算机网络和通信设备间的应用提供了极好的物质条件。现在的通信设备基本上均实现了单片机智能控制，从手机、电话机、小型程控交换机、楼宇自动通信呼叫系统、列车无线通信到日常工作中随处可见的移动电话、集群移动通信、无线电对讲机等。

5. 单片机在医用设备领域中的应用

单片机在医用设备中的用途也相当广泛，如医用呼吸机、各种分析仪、监护仪、超声诊断设备及病床呼叫系统等。

6. 在各种大型电器中的模块化应用

某些专用单片机设计用于实现特定功能，从而在各种电路中进行模块化应用，而不要求使用人员了解其内部结构。在大型电路中，这种模块化应用极大地缩小了体积，简化了电路，降低了损坏、错误率，也便于更换。此外，单片机在工商、金融、科研、教育、国防、航空航天等领域都有着十分广泛的用途。

1.5 单片机的发展趋势

目前世界各大芯片制造公司都推出了自己的单片机，从 8 位、16 位到 32 位，数不胜数、应有尽有，有与主流 C51 系列兼容的，也有不兼容的，但它们各具特色，优势互补，为单片机的应用提供了广阔的天地。纵观单片机的发展过程，可以预测单片机的发展趋势大致有以下特点。

1. 集成度更高、功能更强

现在常规的单片机普遍都是将 CPU、RAM、ROM、并行和串行通信接口、中断系统、定时电路、时钟电路集成在一块单一的芯片上，而且存储器容量越来越大，在使用中一般不再需要外部扩展程序存储器和数据存储器。有些单片机具备大功率的输入/输出接口，可直接驱动一些需要较大功率的器件，如 LCD 和 LED，有些增加了 P4 口，增加了定时器/计数器的数量。增强型的单片机通常支持多种通信方式(如 UART、CAN、SPI、I^{2}C 等)，并集成了如 A/D 和 D/A 转换模块、PMW、WDT、正弦波发生器、声音发生器、字符发生器等，有些单片机将 LCD(液晶)驱动器、LED(数码管)驱动器都集成在芯片上。此外，半导体制作工艺的提高，使单片机的体积更小、时钟频率更高，也可以集成更多的存储器和部件，这使单片机正朝着更加集成化和微型化的方向发展，功能更加强大，应用范围更加广泛。

2. 功耗更低

MCS-51 系列的 8031 推出时的功耗达 630 mW，而现在的单片机功率普遍都在 100 mW 左右。随着对单片机功耗要求越来越低，现在的各个单片机制造商基本都采用了低功耗的 CMOS(互补金属氧化物半导体工艺)，如 80C51 就采用了 HMOS(即高密度金属氧化物半导体工艺)和 CHMOS(互补高密度金属氧化物半导体工艺)。CMOS 虽然功耗较低，但其物理特征决定了其工作速度不够高，而 CHMOS 则具备了高速和低功耗的特点。此外，目前的单片机普遍具有节电模式，如空闲方式和掉电方式。在空闲方式下，CPU 自身进入睡眠状态，但片上其他外围部件处于激活状态，片内 RAM 和所有特殊功能寄存器的内容保持不变。空闲方式可被任何允许的中断或硬件复位来终止，终止后系统通常在空闲处恢复程序的执行。在掉电方式下，片内振荡器停止工作，片内 RAM 和所有特殊功能寄存器的内容保持不变，掉电方式可被任何允许的中断或硬件复位来终止，终止后系统将重新定义所有的专用寄存器，但不改变 RAM 的内容。

3. 主流与多品种共存

现在虽然单片机的品种繁多、各具特色，但仍以 80C51 为核心的单片机占主流，兼容其结构和指令系统的有 Philips 公司的产品，Atmel 公司的产品和中国台湾的 Winbond 系列单片机。而 Microchip 公司的 PIC 精简指令集(RISC)也有着强劲的发展势头，中国台湾的 Holtek 公司近年的单片机产量快速增长，凭借其价低质优的优势占据一定的市场份额。此外，还有 Motorola 公司的产品以及日本的专用单片机。在一定的时期内，这种情形将得以延续，将不存在某个单片机一统天下的垄断局面，走的是依存互补、相辅相成、共同发展的道路。

1.6 单片机学习方法

单片机是一台微型计算机，比普通的半导体器件复杂得多。要想掌握单片机，不但要了解单片机的原理，而且要学好电子技术和软件知识，做到理论与实践相结合。

1. 学好基础理论知识

单片机应用系统通过对单片机编程控制外围电路和功能器件实现各种功能，只有具备扎实的模拟电路、数字电路及编程知识才能设计出性能可靠的单片机应用系统。由于采用 C 语言进行单片机开发所需硬件知识较少，入门较为容易，可以提高开发的效率，因此初学者可从学习 C 语言进行单片机编程开始。如果能同时掌握汇编语言和 C 语言，更有利于开发出高质量的单片机程序。

2. 注重理论和实践相结合

单片机的学习具有很强的实践性，要多动脑、勤动手。在编程方面，单片机 C 语言编程理论知识并不深奥，但编写出一个良好的程序也并不容易。一个程序的产生不仅需要有 C 语言知识，更多需要融入编程者的设计思路和算法，只有在实际动手编写程序的过程中才会有深刻的体会，也只有经过大量的编程实践实用技能才能真正得到提高。

在硬件学习方面，学习单片机必须有一台计算机、单片机及相应烧录器，可从应用插线板搭建单片机最小系统驱动发光二极管开始，然后应用定时器/计数器、中断系统、键盘和显示电路等，逐渐深入。推荐入门时采用 STC 单片机，性能可靠、价格便宜。应用插线板搭建单片机系统对理解单片机软件和硬件实现相互结合具有良好的作用。当入门后，可购买一块功能丰富的单片机开发板，以进一步学习单片机开发知识。单片机硬件设计包括电路原理设计和 PCB 板设计。学习硬件要比学习软件麻烦，成本更高，周期更长。但是，学习单片机的最终目的是做软件和硬件相结合的产品开发，所以硬件知识是学习单片机技术的一个必学内容。电路原理设计涉及各种芯片的应用，而这些芯片外围电路的设计、典型应用电路和与单片机的连接等在芯片数据手册(Datasheet)中一般都能找到介绍。虽然学会使用 Protel 或 Altium Designer 软件就能做出 PCB 板，但要想使做出的 PCB 板布局美观、布线合理，还需要大量的实践才能实现。

本 章 小 结

本章介绍了单片机的基本概念、发展历程、类型、应用、发展趋势和学习方法等内容。单片机是在一片硅片上集成了 CPU、RAM、ROM、定时器/计数器、输入/输出接口电路的微型计算机。单片机体积小、价格低、可靠性高且开发应用简单，是嵌入式应用系统和小型智能化产品开发的首选，其发展过程可分为初级、中级和高级 3 个阶段，目前已有数百个品种，主流与多品种共存，并向着集成度更高、功能更强、功耗更低的方向发展。接口是单片机与外部设备进行信息交互的电路和程序的统称。单片机接口技术是研究如何设计性能良好的接口电路，并在接口电路的基础上通过编程实现对外设进行控制从而实现特定功能的技术。单片机的学习要做到理论与实践相结合。

思考与练习

1. 什么是单片机？
2. 什么是单片机接口？
3. 单片机的发展大致可分为几个阶段？
4. 市场上常见的单片机有哪几类？各类的特点是什么？
5. 8031、8051 单片机的主要区别是什么？
6. 单片机的发展趋势是什么？
7. 单片机接口技术的研究内容是什么？
8. 如何学习单片机？

第 2 章 MCS-51 单片机结构与原理

学习目标

- 理解：单片机基本组成结构、并行输入/输出端口结构。
- 应用：掌握本章所介绍的单片机硬件基础知识，学会分析单片机外围电路。

本章主要介绍了单片机硬件开发的基础知识，包括单片机基本组成、引脚、输入输出端口等，为进一步的学习打下基础。

MCS-51 单片机是指由美国 Intel 公司生产的一系列单片机的总称，MCS(micro computer system)是微型控制器系统的英文缩写，51 代表该系列单片机最典型的 8051 产品。除 8051 外，MCS-51 单片机还包括早期产品 8031，以及在 8051 的基础上进行功能修改而推出的多种后续产品，如 8751、8032、8052、8752、89C51、89C52 等。本章以 8051 单片机为例介绍 MCS-51 系列单片机的基本结构与原理。

2.1 8051 单片机基本结构

将运算器和控制器集成在一块芯片上，就构成了 CPU。用系统总线将它与存储器、I/O 接口连接起来，再配以系统软件和 I/O 设备就构成了微型计算机，如图 2-1 所示。其中，总线是指计算机中各功能部件间传输信息的公共通道，包括地址总线 AB(address bus)、数据总线 DB(data bus)和控制总线 CB(control bus)3 种。地址总线用于 CPU 向其他部件传输存储单元或 I/O 端口的地址信息，以进行指令或数据信息读取；数据总线用于在 CPU 与其他部件间传输指令或

单片机基本原理.wmv

数据信息；控制总线用于在 CPU 与其他部件间传输控制或状态信息。采用这种总线结构，系统中各部件挂在总线上，当选中某部件时，可对该部件进行读写及控制，而其他部件与总线间处于"高阻态"，相当于与总线断开，即各部件分时利用总线与 CPU 通信。采用总线结构可以使计算机系统结构大为简化，并具有很好的可扩展性。

8051 单片机基于三总线结构，其基本组成如图 2-2 所示。

(1) CPU：包括运算器和控制器两部分，是单片机的核心。运算器可用于加、减、乘、除、与、或、非等各种运算，控制器用于控制单片机各部分协调工作。

(2) 存储器：8051 单片机共有 128B 的数据存储器用于存放可读写数据以及 4KB 的程

序存储器用于存放程序和原始数据。

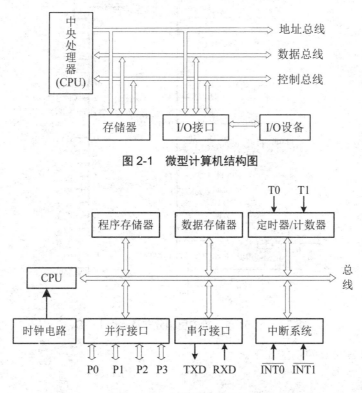

图 2-1　微型计算机结构图

图 2-2　8051 单片机基本结构图

(3)　定时器/计数器：8051 内部共有 2 个 16 位的定时器/计数器以实现定时或计数功能。

(4)　I/O：8051 单片机共有 4 个 8 位的并行 I/O 端口(P0、P1、P2、P3)以实现数据的并行输入/输出。另外，还有一个全双工的串行口，以实现单片机与其他设备之间的串行数据传送。

(5)　中断系统：8051 单片机共有 5 个中断源，包括外部中断源 2 个，用于响应外部中断请求；定时器/计数器溢出中断源 2 个，用于响应定时器/计数器溢出时的中断请求；串行中断源 1 个，用于响应串行口数据的发送/接收中断请求。

(6)　时钟电路：时钟电路为单片机产生的时钟脉冲序列，使单片机正常工作。

2.2　8051 单片机引脚

8051 系列单片机多采用 DIP(双列直插式)封装，有 20 脚和 40 脚等不同引脚数，其中以 40 脚单片机最为常见。本书各章节中所提 8051 单片机都以 40 脚的 AT89C51 单片机为例进行描述。图 2-3 是 8051 单片机的引脚分布及其最小系统。最小系统是指由能使单片机正常工作的最基本元件组成的系统，包括外接电源正负极为其运行供电、复位电路使单片机初始化、晶振电路为单片机提供时钟脉冲信号。

引脚内部结构.wmv

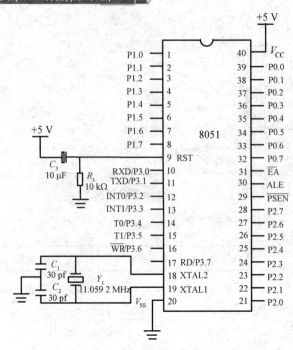

图 2-3　8051 单片机的引脚分布及其最小系统

8051 单片机各引脚的功能如下。

1. 电源引脚

单片机需要外接供电电源(+5 V)才能工作。V_{CC}(40 脚)和 V_{SS}(20 脚)分别接供电电源正极和负极。

2. 时钟电路引脚

单片机需要有时钟脉冲信号才能工作。时钟脉冲信号可由内部振荡电路产生或使用外部时钟脉冲信号。如图 2-3 所示，在使用内部振荡电路时 XTAL2(18 脚)和 XTAL1(19 脚)两引脚分别接在由一个晶振和两个电容组成的振荡电路的两端；当使用外部时钟时，两引脚接外部时钟脉冲信号。

3. 控制信号引脚

单片机需要有控制引脚控制外部器件协调工作，主要包括以下 4 个引脚。

(1) $\overline{EA}$ (enable address，31 脚)：外部程序存储器地址允许输入端。当 EA 引脚接高电平时，CPU 只访问单片机内部的程序存储器并执行内部程序存储器中的指令，但当 PC(程序计数器)的值超过 0FFFH，即程序存储量超过内部程序存储器的最大容量 4KB 时，将自动转去执行单片机外部程序存储器内的程序。当输入信号 $\overline{EA}$ 引脚接低电平(接地)时，CPU 只访问外部程序存储器并执行外部程序存储器中的指令。

(2) RST(reset，9 脚)：复位信号输入端，高电平有效。当输入两个机器周期以上的高电平时实现复位，单片机初始化并重新执行程序。图 2-3 是上电复位常见接法，此外还可以串接开关，根据需要随时可以进行复位。

(3) ALE(address latch enable，30 脚)：地址锁存允许信号端。在单片机对外部存储器
(或其他资源扩展器件)进行读写时，ALE 自动给出读写时序脉冲，以实现低 8 位地址和数
据的分时传送。其过程是首先给出高电平，控制 P0 口做地址总线输出低 8 位地址，并送
地址锁存器锁存起来，然后控制 $\overline{RD}$ (读数据时)或 $\overline{WR}$ (写数据时)给出低电平选通目标器
件，并控制 P0 口做数据总线读入或输出数据。当不访问片外存储器时，ALE 以 1/6 晶振
频率的固定频率输出脉冲，可作为外部时钟或外部定时脉冲使用。

(4) $\overline{PSEN}$ (program stare enable，29 脚)：片外程序存储器选通信号端，低电平有效。
此引脚接片外程序存储器的选通端，当为低电平时，允许读出存储在片外程序存储器中的
指令码。

4. 输入/输出端口

(1) P0 口(39～32 脚)：准双向 I/O 端口，可做地址/数据总线端口，也可做普通 I/O 口。

(2) P1 口(1～8 脚)：准双向 I/O 端口，一般只做 I/O 端口。

(3) P2 口(21～28 脚)：准双向 I/O 端口，当访问外部存储器时可输出高 8 位地址，也
可做普通 I/O 端口。

(4) P3 口(10～17 脚)：准双向 I/O 端口，每个端口线还具有第二功能(见表 2-1 所示)。

表 2-1　P3 口的第二功能

端　口	第二功能	第二功能说明
P3.0	RXD	串行数据接收
P3.1	TXD	串行数据发送
P3.2	INT0	外部中断 0 请求输入
P3.3	INT1	外部中断 1 请求输入
P3.4	T0	定时器/计数器 0 输入
P3.5	T1	定时器/计数器 1 输入
P3.6	WR	外部 RAM 写选通
P3.7	RD	外部 RAM 读选通

总体上说，单片机是一种可通过编程控制的处理器芯片，其工作机制是通过编程控制
各个引脚在不同时刻输出高电平或者低电平，进而控制与引脚相连的外部芯片或电路的电
气状态，完成一定的功能。

2.3　并行 I/O 端口结构

在单片机中，端口是一个集数据输入缓冲、数据输出驱动及锁存等多项功能于一体的
I/O 电路。8051 系列单片机共有 4 个 8 位的并行双向 I/O 端口，即 P0～P3，共有 32 根端
口线。4 个端口在电路结构上基本相同，但又各具特点，因此在功能和使用上有一定的差
异。由于每个端口的 8 个口线具有完全相同但又相互独立的逻辑电路，因此下面以每个端
口的第一个口线为例进行介绍。

2.3.1　P0 口结构与工作原理

P0 口既可作为单片机系统的地址/数据线来使用,也可以作为通用 I/O 端口使用。P0.0口线的逻辑电路,如图 2-4 所示。

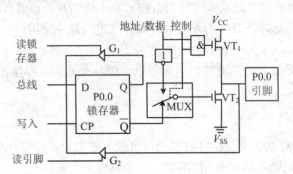

图 2-4　8051 单片机 P0.0 引脚结构图

P0 口线的逻辑电路中有一个数据输出锁存器,用于锁存数据位;两个三态输入缓冲器,分别用于锁存器的输出数据和引脚数据的输入缓冲;一个转换开关 MUX,在控制信号的作用下分别接通锁存器输出和地址/数据线。此外,还有两只场效应管,组成数据输出的驱动和控制电路。

输入缓冲器: 缓冲器的作用是将外部输入信号暂时锁存,等待 CPU 的允许再读入。在 P0 口线中,有两个三态缓冲器,分别用于读取 D 锁存器输出端 Q 的数据和 P0.0 引脚上的数据。在读取时,CPU 从缓冲器控制端给出低电平“读”信号,早已准备好的数据才会传送到内部数据总线上。

锁存器: 锁存器的作用是将 CPU 输出的数据或信号暂时锁存,等待外部设备完成读取任务。P0 口线有一个 D 触发器构成的锁存器,当 D 输入端有输入信号且 CP 给出时序脉冲后,D 端输入的数据传送到 Q 端,等待读取并一直保持到下一个时序控制脉冲信号到来,这时 D 端的数据才再次传送到 Q 端,改变 Q 端的状态。

多路开关: 当多路开关与锁存器接通时,P0 口作为普通的 I/O 端口使用,当多路开关是与上面地址/数据线接通时,P0 口作为地址/数据总线使用。

场效应管: 场效应晶体管(Field Effect Transistor,FET)简称场效应管,当其栅极输入高电平时源极和漏极导通。P0 口的输出是由两个场效应管组成的推拉式结构,即这两个场效应管一次只能导通一个,当 VT_1 导通时,VT_2 截止;当 VT_2 导通时,VT_1 截止。

1. 当 P0 口作为地址/数据线使用

当 P0 口作为地址/数据线使用以传送地址或数据时,控制信号为高电平,打开与门,并通过转换开关使地址/数据线通过非门后与场效应管 VT_2 接通。当地址/数据线输出信号为“0”时,与门输出为“0”使场效应管 VT_1 截止,非门输出为“1”使 VT_2 导通,引脚接“地”输出“0”;当输出信号为“1”时,与门输出为“1”使场效应管 VT_1 导通,非门输出为“0”VT_2 截止,将引脚接 V_{CC} 输出“1”。而当输入数据时,数据信号则直接从引脚到达输入缓冲器的输入端,此时再给三态门的读引脚送一个读控制信号(高电平)就可以通过三态门送到内部总线。

2. 当 P0 口作为通用 I/O 端口使用

当 P0.0 口作为通用 I/O 端口线使用时，"控制"信号为低电平，使场效应管 VT_1 截止，并使转换开关接至锁存器的反向输出端。当输出"0"时，锁存器反向端输出为"1"，场效应管 VT_2 导通，使引脚接"地"输出"0"；当输出"1"时，锁存器反向端输出为"0"，使场效应管 VT_2 截止，由于 VT_1 也截止，此时是漏极开路电路，相当于将引脚悬空，无法输出高电平"1"，为得到高电平输出，需要在引脚上外接一个连接到电源正极的电阻，称为"上拉电阻"。

当 P0.0 口线输入数据时，某些指令是读锁存器端口电平，某些指令是读引脚电平，因此输入数据分为读引脚和读端口两种情况。读端口是通过 G1 缓冲器把锁存器 Q 端的状态读进来。读引脚是通过"读引脚"信号把缓冲器 G2 打开，使引脚上的外部数据(这些数据一般来自外部电路)，经缓冲器读进内部总线。在读引脚之前，若锁存器内数据为"0"，则 VT_1 导通，此时无论外部输入什么数据，端口引脚都为低电平，造成输入错误。因此，在读引脚之前，需要将锁存器置"1"，使场效应管截止，避免锁存器内数据的干扰。由于在输入操作前还必须附加一个置"1"的准备动作，因此称为"准双向口"。8051 的 4 个并行口在做普通 I/O 端口时都是"准双向口"，且由于通路中都有锁存器和缓冲器，可与外设直接连接，无须再加锁存器和缓冲器。

2.3.2　P1 口结构与工作原理

图 2-5 是 P1.0 口线的内部逻辑电路。由于 P1 口只能作为通用的 I/O 端口使用，因此电路较 P0 口简单，输出驱动电路中少了转换开关 MUX 和一个场效应管，多了一个上拉电阻。其输入和输出过程与 P0 口相似，由于电路中已有上拉电阻，使引脚可获得高电平输出，所以在使用时无须再外接上拉电阻。

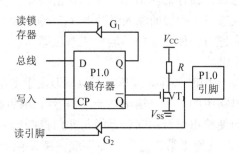

图 2-5　8051 单片机 P1.0 引脚结构图

2.3.3　P2 口结构与工作原理

图 2-6 是 P2.0 口线的内部逻辑电路。P2 口可以作为通用 I/O 端口使用，也可在存储器扩展时做高位地址线使用，因此在每个口线电路中接有一个多路转换开关 MUX。当 P2 口作为高位地址线使用时，多路转换开关接通"地址"端，从而在 P2 口的引脚上输出高 8 位地址(A8～A15)。当 P2 口作为通用的 I/O 端口使用时与 P1 口基本相同。

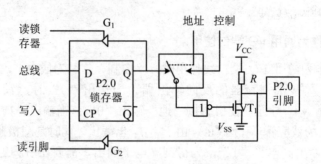

图 2-6　8051 单片机 P2.0 引脚结构图

2.3.4　P3 口结构与工作原理

图 2-7 是 P3.0 口线的内部逻辑电路。P3 口虽然可以作为通用 I/O 端口使用,但其第二功能更重要。为适应第二功能信号的需要,在每个口线电路中增加了第二功能控制。

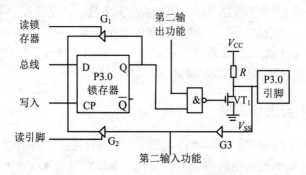

图 2-7　8051 单片机 P3.0 引脚结构图

当输入第二功能信号时,锁存器输出和"第二输出功能"线都保持高电平,使场效应管截止,在端口线的输入通路上增加的输入缓冲器 G3 输出端可取得该信号。当输出第二功能信号时,锁存器预先置 1,使与非门的输出状态由第二功能输出信号决定,从而控制场效应管的通断以实现输出。

当作为通用 I/O 端口使用时与其他口基本相似,但由于多了第二功能,所以又有一定区别。当作为输出口时电路中的"第二输出功能"信号线保持高电平,使与非门的输出由锁存器输出端决定,从而使输出信号由锁存器经与非门控制场效应管的通断得到。当作为输入口时,锁存器置"1"且使"第二输出功能"线保持高电平,从而使场效应管截止,使输入数据通过三态缓冲器 G2 的输出端得到。

本 章 小 结

8051 单片机的主要组成部分包括 CPU、128B 的数据存储器、4KB 的程序存储器、2个 16 位的定时器/计数器、4 个 8 位的并行 I/O 端口、一个全双工的串行口、5 个中断源(包括外部中断源 2 个、定时器/计数器溢出中断源 2 个、串行中断源 1 个)。

总线是指计算机中各功能部件间传输信息的公共通道，包括地址总线 AB(address bus)，数据总线 DB(data bus)和控制总线 CB(control bus)3 种，其中地址总线用于 CPU 向其他部件传输存储单元或 I/O 端口的地址信息，以进行指令或数据信息的读取；数据总线用于在 CPU 与其他部件间传输指令或数据信息；控制总线用于在 CPU 与其他部件间传输控制或状态信息。

　　P0 口线的逻辑电路中有一个数据输出锁存器，用于锁存数据位；两个三态输入缓冲器分别用于锁存器的输出数据和引脚数据的输入缓冲；一个转换开关 MUX，在控制信号的作用下分别接通锁存器输出和地址/数据线。此外，还有两只场效应管组成数据输出的驱动和控制电路。P0 口既可作为单片机系统的地址/数据线，也可以作为通用 I/O 端口。

　　由于 P1 口只能作为通用的 I/O 端口，因此电路较 P0 口简单，输出驱动电路中少了转换开关 MUX 和一个场效应管，多了一个上拉电阻。其输入和输出过程与 P0 口相似，由于电路中已有上拉电阻，使引脚可获得高电平输出，所以在使用时无须再外接上拉电阻。

　　P2 口可以作为通用 I/O 端口，也可在存储器扩展时做高位地址线，因此在每个口线电路中接有一个多路转换开关 MUX。当 P2 口作为高位地址线时，多路转换开关接通"地址"端，从而在 P2 口的引脚上输出高 8 位地址(A8～A15)。当 P2 口作为通用的 I/O 端口时与 P1 口的作用基本相同。

　　P3 口虽然可以作为通用 I/O 端口，但其第二功能更重要。为适应第二功能信号的需要，在每个口线电路中增加了第二功能控制。

思考与练习

1. 什么是三总线结构？它有什么优点？
2. 8051 单片机主要由哪几部分组成？各有什么功能？
3. 8051 单片机有几个并行 I/O 端口？在使用上有哪些分工和特点？
4. 什么是单片机的振荡周期、机器周期？机器周期与振荡周期有什么关系？
5. 8051 单片机对外有几条专用控制线？其功能是什么？

第 3 章　C51 语言基础

学习目标

- 理解：C51 语言程序结构、C51 变量和运算符、C51 流程控制语句、数组、指针、预处理。
- 应用：学会用 C51 语言进行简单的单片机编程的方法，并能够在实践中灵活运用。

本章导读

本章主要介绍单片机 C51 语言编程的基础知识，包括数制与编码，C51 变量和运算符、C51 函数、C51 流程控制语句、数组、指针、预处理、Keil51 集成开发环境等内容。

3.1　编程语言简介

为使单片机能脱离人的直接干预而自动进行操作，需要使用者把需要完成的任务编成程序，并烧写到单片机程序存储器中。执行时，单片机把指令一条一条地取出来，控制单片机一步步地操作，最终达到设计目标。经常使用的单片机程序设计语言可大致分为低级语言和高级语言两种，低级语言又分为机器语言和汇编语言。

1. 低级语言

1) 机器语言

机器语言是用二进制代码表示的，能被计算机直接识别和执行的一种机器指令的集合。用机器语言编写程序，编程人员首先要熟记所用计算机的全部指令代码和代码的含义。手工编写程序时，需要程序员自己处理每条指令和每一个数据的存储分配和输入/输出，还要记住编程过程中每步所使用的工作单元处在何种状态。应用机器语言编出的程序全是 0 和 1 的指令代码，直观性差，很容易出错。另外，不同型号计算机的机器语言是不相通的，按照一种计算机的机器指令编制的程序不能在另一种计算机上执行，其通用性很差。

2) 汇编语言

为克服机器语言难读、难编、难记和易出错的困难，人们就用与代码指令实际含义相近的英文缩写词、字母和数字等符号取代指令代码(如用 ADD 表示加法运算)，于是就产生了汇编语言。汇编语言由于采用了助记符号编写程序，比用机器语言的二进制代码编程要方便，在一定程度上简化了编程过程。由于汇编语言中使用了助记符号，因此必须先通过编译器的加工和翻译，才能将其变成能够被计算机识别和处理的二进制代码程序。汇编语言仍然是面向机器的语言，使用起来仍比较烦琐费时，通用性较差。

2. 高级语言

机器语言和汇编语言都是面向硬件的，编程开发人员必须对硬件结构及其工作原理十分熟悉，这对非计算机专业人员来说是难以做到的，因此出现了与自然语言接近的高级语言。高级语言易学易用，且无论何种机型的单片机，只要配备上相应编译程序，将源程序翻译成机器语言目标程序都可以执行，几乎无须修改。从这个意义上说，高级语言不依赖于硬件系统。

C 语言是一种结构化的高级编程语言，在单片机系统开发中得到了广泛应用。采用 C 语言编程对单片机的指令系统和硬件系统不要求有深入了解，可移植性强，而且 C 语言编程环境提供了丰富的库函数并支持浮点运算，具有较强的数据处理能力，编程、调试及维护的效率大大提高。与汇编语言相比，C 语言开发的目标程序占用空间大、运行效率低，但随着电子技术的飞速发展，芯片容量和运算速度大幅提高，这些缺点已经不再是开发人员考虑的主要因素。美国 Keil 公司开发的 Keil C51 是目前应用最广泛的单片机系统编程开发套件。Keil C51 语言是在 ANSI C 的基础上针对 51 单片机的硬件特点进行了扩展，并向 51 单片机上移植。经过多年的努力，C51 语言已经成为公认的高效、简洁的 51 单片机编程语言。与汇编语言相比，C51 语言开发出的程序可读性和可移植性好，便于修改、维护及升级。

C51 语言与 C 语言在语法上基本相同，如在数据运算、程序控制语句与函数编写及使用等方面与标准 C 语言没有明显差别。但 C51 语言也有自身的一些特点，主要是由于它们所针对的硬件系统不同。标准 C 语言是为通用计算机设计的，通用计算机几乎无须考虑存储空间的问题，而单片机本身存储空间非常有限，数据和程序存储模式与 51 单片机的存储器紧密相关。

3.2　数制与编码

本节主要介绍常用的二进制、十进制和十六进制及其相互转换方法，以及计算机中常用的表示数字、字母、符号、命令及图形符号的 ASCII 码。

3.2.1　数制

一个数可以用不同计数制表示它的大小，虽然形式不同，但表示的数值大小是相同的。在电子计算机中，采用电子器件的低电平表达 0，高电平表达 1，即采用二进制表达和处理信息。采用二进制的优点是物理实现容易且运算特别简单；缺点是书写冗长。因此，在单片机编程开发时常用十六进制(有时也用十进制或八进制)代替二进制，然后通过编译器转换成二进制。

1. 数制的基与权

各计数制中每个数位上可用字符的个数称为该计数制的基数，数字"1"在不同的数位所代表的数值称为权值。

(1) 二进制(binary)。在二进制中，使用的数字为 0 和 1，即基数为 2，数值中各位的权是以 2 为底的幂。例如，二进制数 1001.01 从左到右各位的权分别是 2^3、2^2、2^1、2^0、2^{-1} 和 2^{-2}，即 8、4、2、1、0.5 和 0.25。

(2) 十进制(decimal)。使用的数字为 0～9，即基数为 10，数值中各位的权是以 10 为底的幂。

(3) 十六进制(hexadecimal)。使用的数字为 0～9 及 A～F 共 16 个字符，即基数为 16，数值中各位的权是以 16 为底的幂。

为便于区别不同数制表示的数，规定在数字后面用 B 表示二进制数，用 D(或不加标志)表示十进制数，用 H 表示十六进制数，如 10100B、20D 和 14H 为分别用二进制、十进制、十六进制表示的相同的数。另外规定，当十六进制数以字母开头时，为了避免与其他字符相混淆，书写时要求在前面加一个 0，如十六进制数 A3H 应写成 0A3H。

2. 各种数制之间的相互转换

1) 非十进制数转换为十进制数

将系数与对应的权值相乘并求和，所得结果即为该数对应的十进制数。

【例 3-1】 将二进制数 110.11 转换为十进制数。

解：$110.11B = 1 \times 2^2 + 1 \times 2^1 + 0 \times 2^0 + 1 \times 2^{-1} + 1 \times 2^{-2}$

$\qquad = 4 + 2 + 0.5 + 0.25$

$\qquad = 6.75$

【例 3-2】 将十六进制数 121D.2 转换为十进制数。

解：$121D.2H = 1 \times 16^3 + 2 \times 16^2 + 1 \times 16^1 + 13 \times 16^0 + 2 \times 16^{-1}$

$\qquad = 4096 + 512 + 16 + 13 + 0.125$

$\qquad = 4637.125$

2) 十进制数转换为非十进制数

对于整数部分采用"除基取余，先低后高"的方法，对小数部分采用"乘基取整，先高后低"的方法，可将十进制数转换为非十进制数。

【例 3-3】 将十进制数 50.75 转换为二进制数，将十进制数 500.03125 转换为十六进制数。

解：

```
2 | 50  ················ 0   低位              0.75
    2 | 25  ·············· 1               ×    2
        2 | 12  ·········· 0             ───────────
            2 | 6  ········ 0               0.5 ········ 1   高位
                2 | 3  ···· 1               ×    2
                    2 | 1  · 1             ───────────
                        0      高位          0.0 ········ 1   低位
```

因此可得：50.75=110010.11B。

$$
\begin{array}{r}
16\,\underline{)\,500} \cdots\cdots 4 \\
16\,\underline{)\,31} \cdots\cdots 15\,(F) \\
16\,\underline{)\,1} \cdots\cdots 1 \\
0
\end{array}
\qquad
\begin{array}{r}
0.03125 \\
\times\ \ 16 \\
\hline
0.5000 \cdots\cdots 0 \\
\times\ \ 16 \\
\hline
0.0000 \cdots\cdots 8
\end{array}
$$

低位 ↓ 高位　　　　高位 ↑ 低位

因此可得：500.03125=1F4.08H。

3) 十六进制数与二进制数之间的转换

由于 1 位十六进制数可用 4 位二进制数表示，因此十六进制与二进制之间转换比较简单。当二进制数转换为十六进制数时，整数部分由小数点向左每 4 位一组，若整数最高位的一组不足 4 位，则在其左边加 0 补足 4 位；小数部分由小数点向右每 4 位一组，若小数最低位的一组不足 4 位，则在其右边加 0 补足 4 位；用与每组二进制数所对应的十六进制数取代每组的 4 位二进制数即可转换为十六进制数。将十六进制数转换为二进制数时，按相反过程进行即可。

【例 3-4】 将十六进制数 9F4.1H 转换为二进制数。

解：将每位十六进制数写为二进制数

9	F	4	.	1
1001	1111	0100	.	0001

因此可得：9F4.1H = 100111110100.0001B。

3.2.2 编码

计算机能够直接处理二进制数，但计算机也需要处理字母、数字和符号组成的信息。一般情况下，计算机依靠输入设备先把要输入的字符编成一定格式的二进制代码，然后再接收进来，而输出则是相反的过程。目前国际上使用的字符编码系统有多种，在微机和通信设备中广泛使用的是 ASCII 码(american standard coded for information interchange，美国信息交换标准码)。ASCII 码用一个字节表示一个字符，采用 7 位二进制代码对字符进行编码，最高位一般用作校验位，因此 7 位 ASCII 码能表示最多 128 种不同的字符，它包括 32 个通用控制符号、10 个阿拉伯数字、52 个英文大写和小写字母及 34 个专用符号。例如，阿拉伯数字 0～9 的 ASCII 码为 30H～39H，英文大写字母 A～Z 的 ASCII 码为 41H～5AH。

3.3 C51 变量和运算符

C51 变量和运算符.wmv

3.3.1 变量

数据可分为常量和变量，常量是数值和字符等不能改变的量，可以不经说明和定义直接使用，而变量是在程序运行过程中可以根据需要改变的量，在引用之前必须定义类型。由于 51 内核单片机存储结构的特殊性，Keil C51 中变量的使用与标准 C 有所不同。Keil C51 支持标准 C 原有的大多数变量类型，但又为这些变量新增了多种存储类型，也新增了一些标准 C 没有的变量类型。

要在程序中使用变量必须先用标识符作为变量名，并指出所用数据类型和存储模式，这样编译系统才能为变量分配相应的存储空间。C51 定义一个变量的格式如下：

数据类型 [存储类型] 变量名表

其中，"数据类型"和"存储类型"的先后次序可以互换。

1. 数据类型

C51 语言程序的运行过程是对数据和其他信息进行处理和加工的过程。为提高执行效率和资源利用效率，在程序运行期间需要根据数据的不同采用不同的方法进行处理，为此需要将数据定义为不同的类型。C51 支持的数据类型如表 3-1 所示。

表 3-1　C51 支持的数据类型

数据类型	长度/bit	值　域	说　明
unsigned char	8	$0\sim2^8-1$	无符号字符型
char	8	$-128\sim127$	有符号字符型
unsigned int	16	$0\sim2^{16}-1$	无符号整型
int	16	$-2^{15}\sim2^{15}-1$	有符号整型
unsigned long	32	$0\sim2^{32}-1$	无符号长整型
long	32	$-2^{32}\sim2^{32}-1$	有符号长整型
float	32		单精度浮点型
double	64		双精度浮点型
sfr	8	$0\sim2^8-1$	8 位特殊功能寄存器型
sfr16	16	$0\sim2^{16}-1$	16 位特殊功能寄存器型
bit	1	0 或 1	位型
sbit	1	0 或 1	特殊功能位型

表 3-1 中的最后 4 种是 Keil C51 中新增的变量类型，不支持数组和指针操作，具有以下特点。

(1) bit 用来定义位变量，值只能是 0 或 1。位变量位于 8051 单片机内部 RAM 位寻址区(20H～2FH)，由于位寻址区为 16B，因此最多可定义 128 个位变量。如果要指定 bit 的存储类型，只能使用 data 或者 idata，其他存储类型声明无效。

(2) sfr 用于定义特殊功能寄存器变量。该变量存储在片内的特殊功能寄存器存储区中，用来对特殊功能寄存器进行读写操作。例如，51 头文件中有定义 sfr P0=0x90，这一语句定义了 P0 端口在片内的寄存器，在程序中可以使用 P0 对该端口寄存器进行操作。

(3) sfr16 也用于操作特殊功能寄存器，不同的是它用于操作占 2 个字节的特殊功能寄存器。例如，sfr16 DPTR=0x82 语句定义了片内 16 位数据指针寄存器 DPTR，其低 8 位字节地址为 82H，高 8 位字节地址为 83H，在程序中可以对 DPTR 进行操作。

(4) sbit 用于定义特殊功能寄存器位变量，用来对特殊功能寄存器的可位寻址位进行读写操作。例如，sbit P0_0=P0^0 定义了特殊功能寄存器 P0 的第 0 位，其中符号^后面的数字定义特殊功能寄存器可寻址位在寄存器中的位置，取值必须是 0～7。

8051 单片机是 8 位机，每次可处理 8 位数据，因此位型变量及无符号字符型变量可直接被 8051 接受和处理，效率最高；有符号字符型变量虽然也是 8 位，但需要进行额外操作来测试代码符号位，降低了效率。

同类型的一组变量可采用同一个标志符，根据下标的不同来区分，这组变量称为数组。数组可以是一维的，也可以是多维的。数组元素的下标从 0 开始，可以部分或整体赋值，也可与普通变量一样单独赋值。合理使用数组可以使编程简洁、方便。

指针是数据的地址，是一种特殊类型的变量。通过变量的指针能够找到该变量的存储单元，从而得到它的值。正确而灵活地运用指针，可以有效地表示复杂的数据结构、动态地分配内存以及有效地使用数组。

2. 存储类型

Keil C51 中的变量增加了存储类型，比标准 C 复杂。在 Keil C51 中，变量的存储类型不同、存储的位置不同，访问变量所需要的时间也不同。由于 C51 内核单片机资源少、速度慢，变量存储类型对系统工作速度的影响不可忽视。在了解变量与单片机存储结构关系的基础上，合理地选择变量的存储类型，可以高效地使用存储空间，并获得更高的工作效率。

C51 单片机有片内数据存储区及程序存储区，在片内存储区空间不足时需要扩展片外存储区。C51 单片机片内数据存储区可读写，最多可有 256B 内部数据存储区，其中低 128B 可直接寻址，高 128B 只能间接寻址，从 20HB 开始的 16B 可位寻址。内部数据存储区可分为 3 个不同的数据存储类型，即 data、idata、bdata。片外数据存储区可分为 2 个不同的数据存储类型，即 xdata 和 pdata。访问片外数据存储区比访问片内数据存储区慢。程序存储区只能读不能写，C51 提供了 code 存储类型来访问程序存储区。C51 存储类型如表 3-2 所示。

表 3-2　C51 存储类型

存储类型	存储区	与存储空间的对应关系
data	DATA	片内 RAM 直接寻址区，位于片内 RAM 的低 128B(0X00～0X7F)
bdata	BDATA	片内 RAM 位寻址区，位于 20H~2FH 空间
idata	IDATA	片内 RAM 间接寻址区，位于片内 RAM 的高 128B(0X80～0XFF)
xdata	XDATA	片外 64KB 的 RAM 空间
pdata	PDATA	片外 RAM 的 256B
code	CODE	程序存储区

各存储类型的特点如下。

1）　片内存储区

(1) data　将变量存储在片内可直接寻址的数据存储器 DATA 区中。DATA 区位于片内 RAM 的低 128B(0X00～0X7F)，使用这种存储模式，目标代码中对变量的访问速度最快。把经常使用的变量放在 DATA 区可提高程序运行速度。但是 DATA 区的存储空间有限，除了包含程序变量外，还包含堆栈和寄存器组，因此定义在 DATA 区的变量不可过多，以免影响中断等功能的正常工作。若定义 i 为存储类型为 data 的无符号字符型数据，可声明为 unsigned char data i。

(2) bdata 用于将变量定义在数据存储器可接位寻址的 BDATA 区，允许位与字节混合访问，在不进行位处理时使用效果与 data 相同。位变量存储在位于单片机内部 RAM 字节地址 0x20～0x2F 的 16B 中，每个字节 8bit，共计 16×8=128 个可寻址位。bdata 所指只包含这个区域。

声明示例如下：

```
unsigned char bdata value;
bit value0=value^0;
```

按上述方法声明之后就可用变量 value0 访问 value 的第 0 位。假设 value 的 8 个位的原值都是 0，如果将 value 的第 0 位置为 1，可采用按字节访问方式 value=0x01 实现，也可以按位寻址方式 value0=1 实现。

(3) idata 将变量存储在片内间接寻址的数据存储区 IDATA 区中。IDATA 区使用指针进行寻址和访问。C51 内核单片机 RAM 仅有 128B，因此无间接寻址数据存储器区，idata 与 data 无区别。C52 内核单片机 RAM 有 256B，当片内 128B 的直接寻址数据存储区不够用时，可以使用 128B 间接寻址数据存储区，访问速度较 data 慢。

2) 片外存储区

(1) xdata 将变量存储在片外数据存储器中，采用 16bit 地址，可以访问外部数据存储区 64KB 内的任何地址。

(2) pdata 将变量存储在片外数据存储器中的第一页(00H～FFH)中，存储空间为 256B。对 PDATA 区寻址，只需要装入 8bit 地址，而对 XDATA 区寻址要装入 16Bit 地址，因此对 PDATA 区的寻址要比对 XDATA 区寻址快。

若将变量设置成 pdata 和 xdata 存储类型，由于需要访问外存，访问速度最慢，因此在使用这两种存储类型时，应尽量减少对变量的访问次数。这两种类型适合保存原始数据或最终结果，需要频繁访问的中间结果应尽量不用或少用。

3) 程序存储区

code 将变量存储在程序存储器中，不在 RAM 中重新分配存储空间，因此用 code 类型可以节省 RAM 空间。缺点是变量只能读不能写，因此适合存储常量或查表类的数组数据，不能用于存储程序运行过程中需要修改的变量。如果想改变变量值，只能在程序中修改后重新将程序烧写进 ROM 中。

3.3.2 运算符

为了完成各种运算，需要定义运算符。C51 中常用的运算符有算术运算符(表 3-3)、关系运算符(表 3-4)、逻辑运算符(表 3-5)、位运算符(表 3-6)以及复合运算符(表 3-7)等。各种运算符中，括号运算符优先级最高，其次是单目运算符如 "-"(负号运算符)、"++"(自增运算符)、"--"(自减运算符)、"!"(非)、"~"(位取反)等，再以下分别是算术运算符、关系运算符、逻辑运算符、赋值运算符。

位运算符中的移位运算符左移一位相当于该数乘 2，而右移一位相当于该数被 2 除，且比直接乘除法更快，灵活运用这一性质可实现高效率的运算。例如，某数 y=x*5 相当于 y=x<<2+x，即 x 左移两位再加该数本身，其中移运算并不改变 x 中的值本身。

表 3-3　C51 中的算术运算符

运 算 符	含 义	示 例
+	加法运算	x = 6;　y = x + 3 → y = 9
−	减法运算	x = 6;　y = x - 3　→　y = 3
*	乘法运算	x = 6;　y = x * 3　→　y = 18
/	除法运算	x = 6;　y = x / 3　→　y = 2
x++	先用 x 值，再加 1	x = 6;　y = x++　→　y = 6，x=7
++x	先加 1，再用 x 值	x = 6;　y = ++x　→　y = 7，x=7
x−−	先用 x 值，再减 1	x = 6;　y = x−−　→　y = 6，x=5
−−x	先减 1，再用 x 值	x = 6;　y = −−x　→　y = 5，x=5
%	求余运算	x = 6;　y =x % 4 →　y = 2

表 3-4　C51 中的关系运算符

运 算 符	含 义	示 例
>	大于	x = 6;　y = x > 3 → y = 1
>=	大于等于	x = 6;　y = x >= 6 → y = 1
<	小于	x = 6;　y = x < 3 → y = 0
<=	小于等于	x = 6;　y = x <= 6 → y = 1
==	测试两边是否相等	x = 6;　y = x == 3 → y = 0
!=	测试两边是否不等	x = 6;　y = x != 3 → y = 1

表 3-5　C51 中的逻辑运算符

运 算 符	含 义	示 例
&&	逻辑与	y =1 && 1 → y = 1, y =1 && 0 → y = 0
‖	逻辑或	y =1 ‖ 1 → y = 1, y =1‖0 → y = 1, y =0‖0 → y = 0
!	逻辑非	y =! 1 → y = 0 , y =! 0 → y = 1

表 3-6　C51 中的位运算符

运 算 符	含 义	示 例
&	对两个二进制数相同位进行与运算	y =1010B & 1100B → y = 1000B
|	对两个二进制数相同位进行或运算	y =1010B |1100B → y = 1110B
^	按位异或(相同为 0，相异为 1)	y =1010B ^1100B → y = 0110B
~	按位取反	y =~1010B → y = 0101B
<<n	将二进制数各位全左移 n 位，高位丢弃，低位补 0	y=1010B<<1 → y = 0100B
>>n	将二进制数各位全右移 n 位，低位丢弃，高位补 0	y=1010B>>1 → y = 0101B

表 3-7　C51 中的复合运算符

运　算　符	含　　义	示　　例
+=	加并赋值	x = 6, x += 3 → x = 9
-=	减并赋值	x = 6, x -= 3 → x = 3
*=	乘并赋值	x = 6, x *= 3 → x = 18
/=	除并赋值	x = 6, x/= 3 → x = 2
%=	取模并赋值	x = 6, x %= 3 → x = 0
&=	与并赋值	x = 1010B, x &=1100B → x = 1000B
|=	或并赋值	x = 1010B, x | =1100B → x = 1110B
^=	异或并赋值	x = 1010B, x ^=1100B → x = 0110B
<<=	左移并赋值	x = 0110B, x <<=1 → x = 1100B
>>=	右移并赋值	x = 0110B, x >>=1 → x = 0011B
? :	条件运算符	x = 6>2? 3:4 → x = 3

使用复合运算符，可使程序更简洁。左边的变量既是源操作数也是目的操作数。

3.4　C51 函数

C51 函数.wmv

C51 语言所用的数据、变量、运算符、程序结构等与 C 语言基本相同。C51 语言程序是由编程者组织和定义的一个或多个函数构成的，通过函数的有序调用完成预期的功能。函数可分为主函数、标准库函数、自定义函数 3 类。

1. 主函数

C51 语言程序中有且只能有一个主函数 main()。一个 C51 语言程序的执行从主函数开始，在主函数中逐条地执行语句，其他函数的执行也是作为主函数中的一条语句，通过执行该语句得到调用(在该函数的执行过程中，又可调用其他函数)，调用结束后返回主函数。主函数可以调用其他函数，包括库函数和自定义函数，但其他函数不能调用主函数。主函数的标准格式是：

```
int main( void )
```

前面的 int 是 main 函数的返回值类型，是用于向操作系统说明程序的退出状态，如果返回 0，则代表程序正常退出；否则代表程序异常退出。括号中的形式参数用于操作系统向主函数传递参数。由于 C51 单片机没有操作系统，因此 main 函数返回值类型可以写为 int，也可以写为 void，形式参数写为 void。

2. 标准库函数

C51 编译器提供了丰富的库函数，可完成数学计算、输入输出等常用功能，供开发人员使用，以减轻工作量、提高编程效率。

3. 自定义函数

开发人员可根据需要编写自定义函数。函数的定义必须独立进行，不能在其他函数中嵌套定义，但可以嵌套调用，即自定义函数之间可以相互调用。函数也可以调用库函数，但不能调用主函数。函数由两部分组成，第一部分是函数说明部分，包括函数返回值类型、函数名、形式参数；第二部分是函数体，由变量定义、可执行语句及返回值组成，每条数据定义或语句的最后必须有一个分号结束。函数的具体结构如下：

```
返回值类型 函数名(类型 形参)
{
    数据定义;
    执行语句;
    返回值;
}
```

如果程序中使用了库函数，或使用了不在同一文件中的另外的自定义函数，则应该在程序的开头处使用#include 包含语句，将所使用的函数信息包含到程序中。

形参和返回值是函数与外界联系的桥梁。形参是在函数调用时由外界传入函数体内的参数，形参可以没有，也可以有多个；返回值是函数运行完毕时返回给调用该函数语句的值。如果函数没有返回值，那么应声明为 void 类型，凡不加返回值类型限定的函数，就会被编译器作为返回整型值处理。

根据作用范围的不同，变量可分为局部变量和全局变量。局部变量是定义在函数内部的变量，只在该函数内部有效；全局变量是定义在函数外部的变量，从其定义位置开始到源文件结束都有效。如果全局变量和某一函数的局部变量同名，则在该函数内部只有局部变量有效。

【例 3-5】 图 3-1 是 8051 单片机 P1.0 口上连接了一个 LED，请编程实现 LED 周期闪烁。

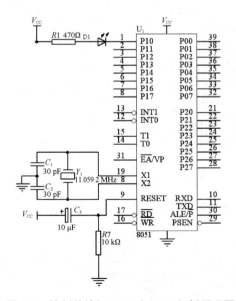

图 3-1 控制单片机 P1.0 上 LED 闪烁原理图

程序如下：

```
#include<reg51.h>              //包含单片机定义寄存器的头文件
 sbit led = P1^0;             //将 led 定义为 P1.0 位
void delay(void)              //延时函数
{
   unsigned int i;           //定义无符号整数，最大取值范围为 65 535
   for(i=0;i<20000;i++);     //做 20 000 次空循环，以进行延时
}
int main(void)               //主函数
{
  while(1)                   //无限循环，以使 LED 持续闪烁
   {
       led =0;               // P1.0 输出低电平，灯亮
       delay();             //延时一段时间
       led =1;               // P1.0 输出高电平，灯灭
       delay();             //延时一段时间
   }
}
```

【例 3-6】 图 3-2 是 8051 单片机的 P0 口上连接了 8 个 LED，请采用移位操作编写程序实现 LED 循环流水灯。

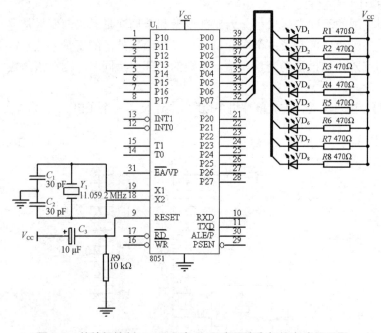

图 3-2 单片机控制 P0 口 8 个 LED 实现流水灯的电路原理图

程序如下：

```
#include<reg51.h>              //包含单片机定义寄存器的头文件
void delay(void)              //延时函数
{
   unsigned int i;           //定义无符号整数，最大取值范围为 65 535
```

```
    for(i=0;i<20000;i++);       //做 20 000 次空循环，以进行延时
}
int main(void )                 //主函数
{
    unsigned char led,a,b;      //定义 3 个无符号字符型变量
    led =0xfe;                  // led = 11111110B，即 P0.0 上 LED 亮，其余口线上 LED 灭
    while(1)                    //无限循环，以使 LED 流水亮灭
    {
        P0 = led;               //将 LED 状态赋给 P0 口寄存器，实现 LED 亮灭
        a = led>>7;             //将 LED 最高位先放到 a 中的最低位中，a 中其他位全为 0
        b = led<<1;             //将 LED 左移一位，最低位补 0
        led = b|a;              //位或运算
        delay();
    }
}
```

对例 3-5 和例 3-6 程序的分析说明如下。

(1) 程序中第一行#include<reg51.h>的含义是将 8051 单片机的头文件 reg51.h 的全部内容包含进来。此文件定义了代表单片机各个寄存器地址的标识符，如其中的定义 "sfr P0=0x80"，其含义是将地址为 0x80 的寄存器用标识符"P0"代表，则在编程时，对"P0"进行操作就相当于对地址为 0x80 的寄存器进行操作，而该地址实际上就是单片机 P0 口的 8 位寄存器。

(2) 在单片机应用系统中，经常需要访问特殊功能寄存器中的某些位，Keil C51 编译器为此提供了关键字 sbit，利用它可以按位寻址，格式是：sbit 位变量名=寄存器名^位位置。如两例程序第二行 sbit led = P1^0 的含义是将 led 定义为寄存器 P1 端口的第 0 位。

(3) void delay(void)是编程者自定义的函数，作用是延时一段时间，其中两个 void 意思分别为无须返回值，没有参数传递。

(4) 在主函数使用一个循环语句 while(1)反复交替给 P1.0 口线赋高电平 1 和低电平 0，并在期间调用延时函数 delay 使 LED 以一定的周期闪烁。在 C51 程序的主函数中应有一条无限循环语句，避免程序跑飞。

(5) 流水灯是指灯像流水一样，每次新点亮一个最前沿的灯，而原来已经点亮的继续保持点亮，当全部点亮后下次将全部熄灭再重新开始。后续章节程序中也经常出现跑马灯，跑马灯是指每次新点亮一个最前沿的灯，而关闭原来已经点亮的灯，即整个过程像一匹马在跑一样，只有一个灯是亮的，当最高位亮后下一步是最低位亮，即循环左移。

3.5　C51 流程控制语句

C51 流程控制共有 3 种基本结构，即顺序结构、选择结构和循环结构。

3.5.1　顺序结构

顺序结构是最基本、最简单的编程结构，程序按先后顺序执行

C51 语句结构.wmv

指令代码。

【例 3-7】 图 3-3 是 8051 单片机的 P0 口和 P1 口上分别连接了 8 个 LED，请分别用 P0 口和 P1 口显示加法 125+34 和减法 176-98 的运算结果。

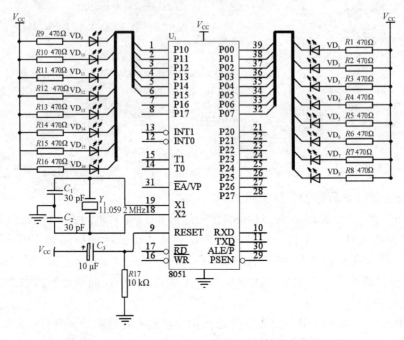

图 3-3 用 P0 口分别显示加法和减法运算的电路原理图

程序如下：

```
#include<reg51.h>
int main(void)
{
 unsigned char a=125,b=34,c=176,d=98;
 P1=a+b;          //加法运算结果送 P1 端口，P1=159=10011111B
 P0=c-d;          //减法运算结果送 P0 端口，P0=78=01001110B
 while(1);        //循环等待，防止主程序退出后单片机跑飞
 }
```

【例 3-8】 同图 3-3，用 P0、P1 口显示 32×54+50 的运算结果。

程序如下：

```
#include<reg51.h> //包含单片机寄存器的头文件
int main(void)
{
 unsigned char a=32,b=54,c=50;
 unsigned int s;
 s=a*b+c;
 P1=s/256;        //高 8 位送 P1 口，P1=6=06H=00000110B
 P0=s%256;        //低 8 位送 P0 口，P0=242=f2H=11110010B
 while(1);        //循环等待，防止主程序退出后单片机跑飞
}
```

【例 3-9】 同图 3-3，编程计算除法 48/5 的运算结果，用 P1 显示整数部分，用 P0 口显示小数部分。

程序如下：

```
#include<reg51.h>          //包含单片机寄存器的头文件
int main(void)
{
  unsigned char a=48,b=5;
  P1=a/b;                  //整数送 P1 口，P1=9=09H=00001001B
  P0=((a%b)*10)/b;         //小数送 P0 口，P0=6=06H=00000110B
  while(1);                //循环等待，防止主程序退出后单片机跑飞
}
```

3.5.2 选择结构

1. if 语句

if 语句用于根据条件判定结果决定执行的语句。if 语句有 3 种基本形式。

(1) 第一种形式

```
if(表达式)
{语句组}
```

如果"表达式"为真，则执行大括号中的语句组，否则跳过大括号执行下面的语句。

(2) 第二种形式

```
if(表达式)
{语句组1}
else
{语句组2}
```

如果"表达式"为真，则执行语句组 1，否则执行语句组 2。

(3) 第三种形式

```
if(表达式1){语句1}
else if(表达式2) {语句组2 }
else if(表达式3) {语句组3}
    ⋮
else if(表达式m) {语句组m}
else  {语句组n}
```

如果"表达式 1"为真，则执行"语句组 1"；如果"表达式 2"为真，则执行"语句组 2"……；如果所有的表达式都不满足，则执行语句组 n。

【例 3-10】 同图 3-2，用 if 语句根据 54/18 的计算结果选择 P0 口 8 位 LED 的状态。

程序如下：

```
#include<reg51.h>                //包含单片机寄存器的头文件
int main(void)
{
  unsigned char a=54,b=18;
```

```
    if (a/b==1)P0=0xfe;              //第一个 LED 亮
    else if (a/b==2) P0=0xfd;        //第二个 LED 亮
    else if (a/b==3) P0=0xfb;        //第三个 LED 亮
    else if (a/b==4) P0=0xf7;        //第四个 LED 亮
    else if (a/b==5) P0=0xef;        //第五个 LED 亮
    else if (a/b==6) P0=0xdf;        //第六个 LED 亮
    else if (a/b==7) P0=0xbf;        //第七个 LED 亮
    else if (a/b==8) P0=0x7f;        //第八个 LED 亮
    else P0=0xff;                    //默认值，关闭所有 LED
    while(1);
}
```

2. switch/case 语句

switch/case 语句根据表达式的值决定要执行的语句组，用于实现多中选一。形式如下：

```
switch(表达式)
{
case 常量表达式 1:      //如果常量表达式 1 满足，则执行语句组 1
语句组 1;
break;                //跳出 switch 结构
case 常量表达式 2:      //如果常量表达式 2 满足，则执行语句组 2
语句组 2;
break;                //跳出 switch 结构
…
default:              //条件都不满足时，执行语句组 n
语句组 n;
}
```

【例 3-11】 同图 3-2，用 switch 语句根据 54/18 的计算结果选择 P0 口 8 位 LED 的状态。

程序如下：

```
#include<reg51.h>                    //包含单片机寄存器的头文件
int main(void)
{
  unsigned char a=56,b=18;
  switch(a/b)                        //使用多分支选择语句
  {
    case 1: P0=0xfe; break;          //第一个 LED 亮
    case 2: P0=0xfd; break;          //第二个 LED 亮
    case 3: P0=0xfb; break;          //第三个 LED 亮
    case 4: P0=0xf7; break;          //第四个 LED 亮
    case 5: P0=0xef; break;          //第五个 LED 亮
    case 6:P0=0xdf; break;           //第六个 LED 亮
    case 7:P0=0xbf; break;           //第七个 LED 亮
    case 8:P0=0x7f; break;           //第八个 LED 亮
    default: P0=0xff;                //默认值，关闭所有 LED
  }
  while(1);
}
```

3.5.3　循环结构

1. for 循环结构

for 循环结构用于按指定的次数循环执行一组语句。格式如下：

```
for(表达式1;表达式2;表达式3)
{
    语句组;
}
```

若大括号内仅有一条语句，则大括号可以省略。

for 循环语句执行过程如下。

(1)　先执行表达式 1，一般是对循环变量赋初值。

(2)　执行表达式 2，若表达式 2 结果为真，则执行循环体语句组，并求解表达式 3(一般是改变循环变量的值)；然后再次执行表达式 2，并判断结果真假。

(3)　若表达式 2 结果为假，则退出 for 循环。

【例 3-12】　同图 3-3，用 for 循环计算 7 的阶乘并送 P1 口和 P0 口显示结果。

程序如下：

```
#include<reg51.h>        //包含单片机寄存器的头文件
int main(void)
{
  unsigned char i;
  unsigned int s=1;
  for(i=1;i<=7;i++)
    s=s*i;                //计算阶乘
  P1=s/256;               //高8位送P1显示
  P0=s%256;               //低8位送P0显示
  while(1);
}
```

【例 3-13】　同图 3-2，用 for 循环实现 P0 口的 8 位 LED 循环显示数字 0～255。

程序如下：

```
#include<reg51.h>
void delay(void)
{
  unsigned int i;
   for(i=0;i<30000;i++);
}
int main(void)
{
  unsigned char i;
 while(1)                 //无限循环，不加";"
{
    for(i=0;i<256;i++)
    {
```

```
       P0=i;              //送 P0 口显示
       delay();           //延时
     }
 }
}
```

【例 3-14】 同图 3-2，用右移运算流水点亮 P0 口的 8 位 LED。

程序如下：

```
#include<reg51.h>
void delay(void)
{
  unsigned int i;
    for(i=0;i<30000;i++)
      ;
}
int main(void)
{
  unsigned char i;
  while(1)
    {
      P0=0xff;
        delay();
        for(i=0;i<8;i++)        //设置循环次数为 8
         {
           P0=P0>>1;            //每次循环 P1 的各二进位右移一位，高位补 0
            delay();            //调用延时函数
         }
    }
}
```

2. while 循环结构

while 循环语句先判断条件真假，若表达式为真，则执行大括号内的语句组；否则终止循环。格式如下：

```
while(表达式)
{语句组}
```

【例 3-15】 同图 3-3，用 while 循环计算 7 的阶乘并送 P1 口和 P0 口显示结果。

程序如下：

```
#include<reg51.h>               //包含单片机寄存器的头文件
int main(void)
{
  unsigned char i=1;
  unsigned int s=1;

  while(i<=7)
  {
    s=s*i;                      //计算阶乘
```

```
    i++;                        //i 自增运算
  }
  P1=s/256;                     //高 8 位送 P1 显示
  P0=s%256;                     //低 8 位送 P0 显示
  while(1);
}
```

【例 3-16】　同图 3-2，用 while 循环控制 P0 口 8 位 LED 闪烁花样。

程序如下：

```
#include<reg51.h>              //包含单片机寄存器的头文件
void delay(void)
{
   unsigned int i;
    for(i=0;i<30000;i++);
}
int main(void)
{
   unsigned char k;
   while(1)                     //无限循环
    {
       k=0;
        while(k<255)            //当 k<256 时执行循环体
       {  P0=k++;               //将 k 送 P0 口显示，k 自增 1
          delay();
       }
    }
}
```

3. do while 循环结构

do while 循环先执行大括号内的语句组，然后执行表达式，若结果为真，则重复执行大括号内的语句组；否则终止循环。格式如下：

```
do
{语句组}
while(表达式);
```

【例 3-17】　同图 3-3，用 do while 循环计算 7 的阶乘并送 P1 和 P0 口显示结果。

程序如下：

```
#include<reg51.h>     //包含单片机寄存器的头文件
int main(void)
{
  unsigned char i=1;
  unsigned int s=1;
  do
   {
      s=s*i;            //计算阶乘
      i++;              //i 自增运算
   } while(i<=7);
```

```
P1=s/256;          //高 8 位送 P1 显示
P0=s%256;  //低 8 位送 P0 显示
while(1);
}
```

3.6   C51 数组

数组是相同数据类型的元素按一定顺序排列的集合，就是把有限个类型相同的变量用一个名字命名，然后用编号区分它们的变量的集合，这个名字称为数组名，编号称为下标。组成数组的各个变量称为数组的分量，也称为数组的元素，有时也称为下标变量。

C51 数组.wmv

3.6.1   一维数组

1. 一维数组的定义

在 C 语言中使用数组必须先进行定义。一维数组的定义方式为：

类型说明符 数组名 [常量表达式];

其中，类型说明符是任一种基本数据类型或构造数据类型。数组名是用户定义的数组标识符。方括号中的常量表达式表示数据元素的个数，也称为数组的长度。例如定义：

```
char m[3];
int n[4];
```

字符型数组 m 有 3 个元素，整型数组 n 有 4 个元素。数组元素是组成数组的基本单元。数组元素也是一种变量，一般形式为：

数组名[下标]

下标表示元素在数组中的顺序号，只能为整型常量或整型表达式。数组的下标从 0 开始，如定义数组 m[3]，则 m 的 3 个元素分别为 m[0]、m[1]、m[2]。数组的类型实际上是指数组元素的取值类型。对于同一个数组，其所有元素的数据类型都是相同的。

2. 一维数组的初始化

数组赋值的方法除了用赋值语句对数组元素逐个赋值外，还可采用初始化赋值和动态赋值的方法。

数组初始化赋值是指在数组定义时给数组元素赋予初值。例如：

```
int m[3]={ 0,1,2};
```

相当于 m[0]=0、m[1]=1、m[2]=2。

当{ }中值的个数少于元素个数时，只给前面部分元素赋值，其他元素自动赋 0 值。例如：

```
int m[3]={0,1}
```

结果是 m[0]=0、m[1]=1、m[2]=0。

3. 一维数组元素的引用

数组元素通常也称为下标变量。必须先定义数组，才能使用下标变量。只能逐个地使用下标变量，而不能一次引用整个数组。例如，输出有 10 个元素的数组必须使用循环语句逐个输出各下标变量：

```
for(i=0; i<3; i++)
printf("%d",m[i]);
```

而不能用一个语句输出整个数组。因此，下面的写法是错误的：

```
printf("%d",m);
```

【例 3-18】　同图 3-2，用一维数组实现 P0 口的 8 位 LED 跑马灯的效果。

程序如下：

```
#include<reg51.h>      //包含单片机寄存器的头文件
void delay(void)       //延时函数，约延时 3×200×200μs=120 000μs
{
 unsigned char m,n;
 for(m=0;m<200;m++)
   for(n=0;n<200;n++);
}
int main(void)         //主函数
{
 unsigned char i;
 unsigned char code
 Tab[ ]={0xfe,0xfd,0xfb,0xf7,0xef,0xdf,0xbf,0x7f}; //定义无符号字符型数组
 while(1)
 {
    for(i=0;i<8;i++)
     {
      P0=Tab[i];       //依次引用数组元素，并将其送 P0 口显示
      delay();         //调用延时函数
     }
   }
}
```

3.6.2　二维数组

二维数组是以行列矩阵的形式存储数据，定义形式如下：

```
数据类型 数组名[下标 1][下标 2];
```

下标 1 代表行，下标 2 代表列，如语句 int a[2][3] 定义了二维整型数组，共有 2 行 3 列 6 个元素。

二维数组的初始化可以采用以下两种方式。

(1) 按先行后列的存储顺序整体赋值。例如：

```
int a[2][3]={0,1,2,3,4,5};
```

(2) 按每行分别赋值。例如：

```
int a[2][3]={{0,1,2},{3,4,5}};
```

【例 3-19】 同图 3-2，用二维数组实现 P0 口的 8 位 LED 跑马灯效果。

程序如下：

```
#include<reg51.h>   //包含单片机寄存器的头文件
void delay(void)
{
    unsigned char m,n;
    for(m=0;m<200;m++)
        for(n=0;n<200;n++);
}
int main(void)
{
  unsigned char i,j;
  unsigned char code
Tab[2][4]={{0xfe,0xfd,0xfb,0xf7},{0xef,0xdf,0xbf,0x7f}};
        //定义无符号字符型数组
    while(1)
    {
        for(i=0;i<2;i++)
         for(j=0;j<4;j++)
         {
          P0=Tab[i][j];       //依次引用数组元素，并将其送 P0 口显示
          delay();            //调用延时函数
          }
       }
}
```

3.7　C51 指针

变量的指针就是变量的地址。在 C51 语言中，允许用一个变量来存放指针，这种变量称为指针变量。指针变量是一种特殊的变量，它也和一般变量一样，具有变量名、类型和值，但它的值就是变量所存放的地址。

1. 指针变量的定义

指针变量同普通变量一样，使用之前要进行定义。指针变量定义的一般形式为：

数据类型　*变量名;

其中，*表示这是一个指针变量，数据类型表示本指针变量所指向变量的数据类型。例如，定义：int *point，表示 point 是一个指针变量，它的值是某个整型变量的地址，也称 point 指向一个整型变量，但 point 具体指向哪一个整型变量，取决于 point 中所存储的地址。一个指针变量只能指向同类型的变量，如上述 point 只能指向整型变量，不能指向字

符变量。

2. 指针变量的引用

指针变量在使用之前必须赋予具体的值，未经赋值的指针变量不能使用；否则将引起程序执行错误。指针变量的赋值只能赋予地址，而不能赋予具体数据。指针变量的引用有两个重要运算符：

① &，取地址运算符；

② *，指针运算符(或称"间接访问"运算符)。

(1) 地址运算符&用来取出变量的地址，其一般形式为：

```
&变量名;
```

例如，语句：

```
point = &i;
```

表示取出变量 i 的地址赋予指针变量 point。

(2) 指针运算符*用来取出指针变量所指向变量的值，其一般形式为：

```
*指针变量名;
```

例如，语句：

```
point = &i;
j= *point;
```

表示取出变量 i 的值赋予变量 j，与语句 j=i 的效果相同。对*point 的任何操作与直接对变量 i 的操作效果相同，例如：

```
point = &i;
*point=k;
```

即为将 j 的值赋予 i，等同于语句 i=k。指针运算符"*"和指针变量说明中的指针说明符"*"不同。在指针变量定义中所出现的"*"是类型说明符，表示其后的变量是指针类型，而指针运算符"*"则出现在表达式中，用以表示指针变量所指向的变量值。

通过指针对变量进行操作是间接操作，虽然不够直观，但可以通过灵活运用指针使程序代码更为简洁、有效。

3. 数组指针

一个变量有一个地址，一个数组包含若干元素，每个数组元素都在内存中占用存储单元，它们都有相应的地址。数组的指针是指数组的起始地址，数组元素的指针是数组元素的地址。

一个数组是由连续的一块内存单元组成的。数组名就是这块连续内存单元的首地址。一个数组也是由各个数组元素(下标变量)组成的。每个数组元素按其类型不同，占用几个连续的内存单元。一个数组元素的首地址也是指它所占用的几个内存单元的首地址。

定义一个指向数组元素的指针变量，与定义普通变量的指针相同。例如：

```
int m[]={1,2,3};
```

```
int *p;
p=&m[0];
```

经上述定义后，p 就是数组 m 的指针。因为数组名代表数组的首地址，也就是第一个元素的地址，因此下面两个语句等价：

```
p=&m[0];
p=m;
```

p 指向数组 m 的首地址后，p+i 就是数组的元素 m[i]。

【例 3-20】 同图 3-2，用一维数组的指针变量实现 P0 口的 8 位 LED 跑马灯效果。

程序如下：

```
#include<reg51.h>  //包含单片机寄存器的头文件
void delay(void)
{
 unsigned char m,n;
 for(m=0;m<250;m++)
   for(n=0;n<250;n++);
}
int main(void)
{
  unsigned char i;
  unsigned char code Tab[8]={0xfe,0xfd,0xfb,0xf7,0xef,0xdf,0xbf,0x7f}; /*
定义无符号字符型数组*/
  unsigned char *p=&Tab[0];/*定义指针变量并指向 Tab 数组，也可写为 unsigned char
*p=Tab */
  while(1)
  {
    for(i=0;i<8;i++)
    {
      P0=*(p+i);     //通过指针变量依次引用数组元素，并将其送 P0 口显示
      delay();       //调用延时函数
    }
  }
}
```

指向二维数组的指针变量的说明形式为：

类型说明符 (*指针变量名) [长度];

"长度"是二维数组的列数。二维数组的每一行都代表一个一维数组，该一维数组的长度就是二维数组的列数。若该指针变量指向二组数组 A[m][n] 的首地址，则*(指针变量名+i)就是 A[i]，而 A[i]是一维数组 A[i][n]的首地址，*(*(指针变量名+i)+j)就是 A[i][j]的值。

【例 3-21】 同图 3-2，用二维数组的指针变量实现 P0 口的 8 位 LED 跑马灯效果。

程序如下：

```
#include<reg51.h>  //包含单片机寄存器的头文件
void delay(void)
{
 unsigned char m,n;
 for(m=0;m<250;m++)
```

```
    for(n=0;n<250;n++);
}
int main(void)
{
  unsigned char i,j;
  unsigned char code
  Tab[2][4]={{0xfe,0xfd,0xfb,0xf7},{0xef,0xdf,0xbf,0x7f}};
         /*定义无符号字符型数组*/
  unsigned char (*p)[4];      //定义二维数组指针
  p=Tab;                      //指向二维数组首地址
  while(1)
  {
     for(i=0;i<2;i++)
      for(j=0;j<4;j++)
      {
        P0=*(*(p+i)+j);       //依次引用数组元素，并将其送 P0 口显示
        delay();              //调用延时函数
      }
  }
}
```

3.8　C51 预处理

在前面的例程中，已多次出现以"#"号开头的预处理命令，如包含命令#include、宏定义命令#define 等。在源程序中这些命令都放在源程序的前面，称为预处理部分。编译器在对程序进行编译前，首先对源程序中的预处理部分进行处理，然后才对源程序进行编译。

合理地使用预处理功能编写的程序更简洁，便于维护和修改，有利于模块化程序设计。C 语言提供了多种预处理功能，如文件包含、宏定义及条件编译等。

1. 文件包含

文件包含是把指定文件的内容全部插入该命令行位置，从而把指定的文件和当前的源程序文件连成一个源文件。

文件包含命令行的一般形式为：

```
#include <文件名>
```

或

```
#include "文件名"
```

使用尖括号表示在包含文件目录中去查找(包含目录是由用户在设置环境时设置的)，而不在源文件目录中去查找；使用双引号则表示首先在当前的源文件目录中查找，若未找到才到包含目录中去查找。用户编程时可根据自己文件所在的目录选择某一种命令形式。

一个 include 命令只能指定一个被包含文件，若有多个文件要包含，则需用多个include 命令。文件包含允许嵌套，即在一个被包含的文件中又可以包含另一个文件。

2. 宏定义

宏定义是指用一个标识符来表示一个字符串。在编译预处理时，对程序中所有出现的宏标识符(简称宏名)，都用宏定义中的字符串去代换，称为宏代换。宏名常用大写字母表示，以区别于普通变量。字符串中可以包含任何字符，可以是常数，也可以是表达式，预处理程序对它不做任何检查，如有错误也只能在程序编译时发现。宏定义不是实际程序语句，在行末不必加分号，如加上分号则连分号也一起置换。宏定义可以有参数也可以无参数。

1) 无参数宏定义

无参数宏的宏名后不带参数。其定义的一般形式为：

```
#define  标识符  字符串
```

其中，"字符串"可以是常数、表达式、格式串等。

例如，宏定义

```
#define AREA 3.14*r*r
```

它的作用是指定标识符 AREA 来代替计算圆面积的表达式 3.14*r*r。在编写程序时，用到计算圆面积都可由宏名 AREA 代替；当程序编译时，编程器将首先进行宏代换，即用表达式 3.14*r*r 去置换所有的宏名 AREA，然后再进行编译。

2) 带参数宏定义

C 语言允许宏带有参数。对带参数的宏不仅要宏代换，而且要用实际的值替换参数。带参数宏定义的一般形式为：

```
#define  宏名(参数表)  字符串
```

带参数宏调用的一般形式为：

```
宏名(实际参数值);
```

例如，宏定义：

```
#define AREA(r) 3.14*r*r
```

在程序中调用时需要给出半径 r 的具体值：

```
area= AREA(4)
```

在宏调用时，用实际半径值 4 去代替参数 r，经宏代换后的语句为：

```
area=3.14*4*4
```

3. 条件编译

条件编译可以按不同的条件去编译不同的程序部分，因而产生不同的目标代码文件。条件编译对于程序的移植和调试很方便。条件编译有 3 种形式，下面分别介绍。

(1) 第一种形式，格式如下：

```
#ifdef  标识符
    程序段 1
#else
```

```
    程序段 2
#endif
```

如果标识符已被 #define 命令定义过，则对程序段 1 进行编译；否则对程序段 2 进行编译。如果没有程序段 2(它为空)，则#else 可以没有，可以写为：

```
#ifdef  标识符
    程序段
#endif
```

(2)　第二种形式，格式如下：

```
#ifndef 标识符
    程序段 1
#else
    程序段 2
#endif
```

与第一种形式的区别是将"ifdef"改为"ifndef"。它的功能是，如果标识符未被 #define 命令定义过，则对程序段 1 进行编译；否则对程序段 2 进行编译。这与第一种形式的功能正相反。

(3)　第三种形式，格式如下：

```
#if 常量表达式
    程序段 1
#else
    程序段 2
#endif
```

它的功能是，如果常量表达式的值为真(非 0)，则对程序段 1 进行编译；否则对程序段 2 进行编译。因此，可以使程序在不同条件下完成不同的功能。例如，下面的程序应用条件编译方法输出圆或正方形的面积：

```
#include <stdio.h>
#define CIRCLE 1
int main(void)
{
    float r=10,area;
    #if CIRCLE
        area =3.14159*r*r;
        printf("area of round is: %f\n", area);
    #else
        area =r*r;
        printf("area of square is: %f\n", area);
    #endif
    return 0;
}
```

上面的程序在宏定义中定义 CIRCLE 为 1，因此在条件编译时，常量表达式的值为真，故计算并输出圆面积；如果定义 CIRCLE 为 0，则输出正方形的面积。

条件编译也可以用条件语句来实现相同的功能，但是用条件语句将会对整个源程序进

行编译，生成的目标代码程序较长，而采用条件编译，则根据条件只编译其中的程序段 1
或程序段 2，生成的目标程序较短。

3.9　Keil C51 集成开发环境

Keil C51 是美国 Keil Software 公司出品的 51 系列兼容单片机 C 语言软件开发系统，是
目前应用最广泛的单片机集成开发环境。该系统提供了包括 C 编译器、宏汇编、连接器、
库管理和仿真调试器等在内的完整开发方案，通过一个集成开发环境(μVision)将这些部分
组合在一起。本节以μVision4 为例，简要介绍应用 Keil C51 集成开发环境进行单片机编程
的方法和过程。

3.9.1　新建项目

安装好 Keil C51 后，启动μVision4，选择 Project→New μVision Project 菜单命令，则
弹出 Create New Project 对话框。输入项目名称并保存后，弹出 Select Device for Target 对
话框选择单片机型号，如图 3-4 所示，其中 Data base 列表框中列出了各厂商名称及其产
品，Description 列表框是对选中的单片机进行说明。另外，也可以选择 Project→Select
Device for Target 菜单命令弹出图 3-4 所示的对话框，找到与实际采用单片机所对应的型号
后单击 OK 按钮完成单片机型号选择。

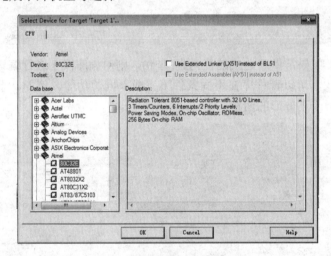

图 3-4　选择单片机类型对话框

3.9.2　编写程序

设置好环境后，可以进入程序编写环节。首先选择 File→New 菜单命令，建立一个源
程序文件。输入代码后，选择 File→Save as 菜单命令保存源程序，并需要将扩展名后缀写
为.C，即指明该文件是 C 语言程序文件。程序编写完成后需要将其加入项目中才有效，首
先在项目工作区 Project Workspace 显示框内单击文件夹 Target 1 左边的符号"+"，再右
击文件夹 Source Group 1，在弹出的下拉菜单中选择 Add Files to Group "Source Group1"命

令，并在弹出的对话框中选择源程序文件，将其添加到项目中，如图 3-5 所示。

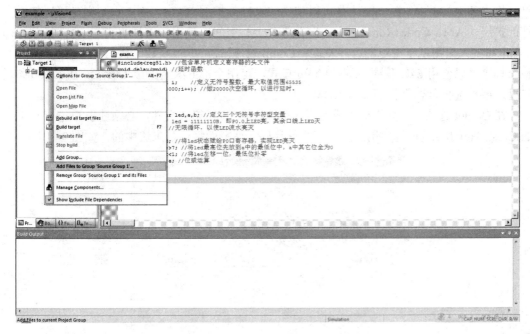

图 3-5　将程序文件添加到项目中

3.9.3　对工程进行设置

工程建立后，需要对工程进行设置。首先单击左边 Project 窗口的 Target1，然后选择菜单中的 Project→Option for target 命令，即出现工程设置对话框，如图 3-6 所示。工程设置对话框内容较多，但一般情况下大部分均可保持默认值。需要修改的主要有 Target 和 Output 选项卡。在 Target 选项卡中，Xtal 文本框中的数值是晶振频率值，用于软件模拟调试时显示程序执行时间，正确设置该数值可使显示时间与实际所用时间一致，一般将其设置成与实际选用的晶振频率一致，若不需要了解程序执行时间，可不更改。

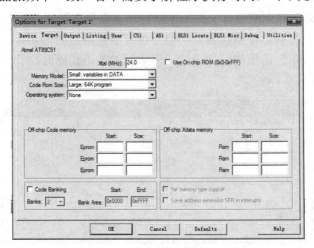

图 3-6　工程设置对话框

Memory Model 选项用于设置 RAM 使用情况，有 3 个选择项，Small 是所有变量都在单片机内部 RAM 中，Compact 是可以使用一页外部扩展 RAM，而 Large 则是可以使用全外部扩展 RAM。Code RomSize 用于设置 ROM 空间的使用，同样也有 3 个选择项，即 Small 模式，只用低于 2K 的程序空间；Compact 模式，单个函数的代码量不能超过 2K，整个程序可以使用 64K 程序空间；Large 模式，可用全部 64K 空间。Use On-chip ROM 复选框，用于选择是否仅使用片内 ROM。

在 Output 选项卡，如果要生成可写入单片机的 HEX 格式文件，必须选中 Output 选项卡的 Create Hex file 复选框，用于生成可执行代码文件，而默认是未选中的，如图 3-7 所示。

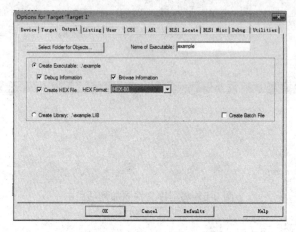

图 3-7　Output 选项卡

3.9.4　工程编译和调试

选择菜单中的 Project→Build target 命令，对当前工程进行链接。如果当前文件已经修改，软件会对该文件进行编译，然后再链接以产生目标代码。如果选择 Project→Rebuild All target files 命令，将会对当前工程中的所有文件进行编译然后链接，确保最终生成最新的目标代码。

当编译不正确时不能生成目标文件，输出窗口会提示有错误，如图 3-8 所示。双击相应错误的提示行，光标会定位错误之处，但是也可能是附近的语句有错误。一般来说，当编译有误时较容易改正，而虽能编译通过，但运行结果不正确时则较为困难，需要进行反复调试才能找出错误。

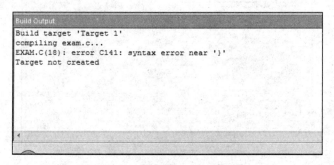

图 3-8　输出窗口提示错误

当编译正确时输出窗口如图 3-9 所示，提示使用内部数据存储器 RAM 共 9B，外部存储器 0B，程序存储器 ROM 共 53B，且已生成 HEX 文件。

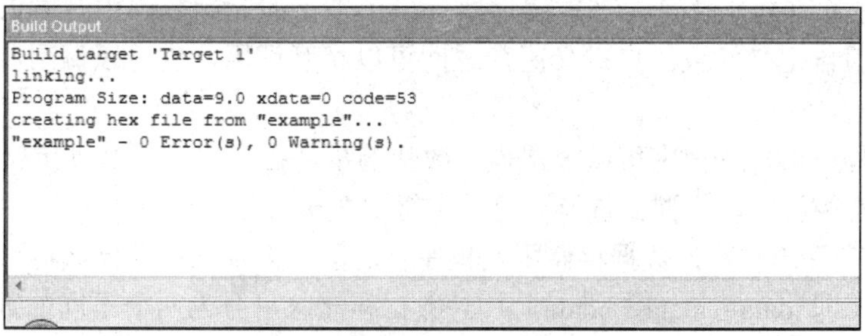

```
Build Output
Build target 'Target 1'
linking...
Program Size: data=9.0 xdata=0 code=53
creating hex file from "example"...
"example" - 0 Error(s), 0 Warning(s).
```

图 3-9　输出窗口提示编译正确

在对工程进行编译和链接后，如果需要调试，则使用菜单中的 Debug→Start/stop Debug session 命令启动调试。有时调试器因找不到 main 函数入口而不能进入调试模式，原因一般是 main 函数格式引起的，写成"int main(void)"格式可解决该问题。在 Debug 菜单下可找到所有调试工具，包括全速运行(run)、单步运行(step)、运行到光标所在行(run to cusor line)、设置断点(insert/remove breakpoints)等工具，各调试工具的意义如下。

(1) 全速运行(run)。全速运行是指按顺序逐行执行程序，直至到达所设置的断点处才停止。

(2) 单步运行(step)。单步运行是指运行完一行程序后停止，等待命令运行下一条程序，这时可以观察中间结果是否正确。

(3) 设置断点。在程序调试过程中，经常需要执行到某行程序后停止，以观察中间结果。此时可以按 F12 键设置断点，然后可按 F5 键全速运行到断点处自动暂停。

Keil 软件在调试程序时提供了多个窗口，主要包括输出窗口、观察窗口、存储器窗口、反汇编窗口、串行窗口等。进入调试模式后，可以通过菜单 View 下的相应命令打开或关闭这些窗口。

本 章 小 结

经常使用的单片机程序设计语言可分为低级语言和高级语言，低级语言主要包括机器语言和汇编语言，是面向硬件的，需要使用者熟悉硬件结构及其工作原理。高级语言与自然语言接近，且不依赖于硬件系统，便于移植、维护和改进。随着单片机技术的发展，采用高级语言生成的程序大、速度慢的缺点正逐渐得到克服。

一个数可以用不同计数制表示它的大小，虽然形式不同，但表示的数值大小是相同的。在计算机中，采用低电平表达 0，高电平表达 1，即采用二进制表达和处理信息。为方便起见，在单片机编程开发时常用十六进制(有时也用十进制或八进制代替二进制)，然后通过编译器转换成二进制。

在计算机中，采用二进制代码表达和处理字母、数字和符号组成的信息，称为编码，ASCII 码是数据传输和处理的标准编码。

C 语言程序是由编程者组织和定义的各个函数构成的，通过函数的有序调用完成预期的功能。一个 C51 程序有且只有一个主函数 main()，程序的执行从 main()函数开始，在 main()函数中逐条地执行语句。C51 编译器提供了丰富的库函数，供开发人员使用。用户可根据需要编写自定义函数。自定义函数之间可以相互调用，也可以调用库函数，但不能调用主函数。

变量是在程序运行过程中可以根据需要改变的量，在引用之前必须定义类型。在 C51 支持的众多数据类型中，位型变量及无符号字符型变量运行效率最高。

51 单片机有片内、片外数据存储区及程序存储区。内部数据存储区可分为 3 个不同的数据存储类型，即 data、idata、bdata。片外数据存储区可分为两个不同的数据存储类型，即 xdata 和 pdata。根据程序对变量的使用要求，合理地选择变量的存储类型，可以在相同的硬件上获得更高的工作效率。

C51 中常用运算符有算术运算符、关系运算符、逻辑运算符及位运算符。在单片机编程中位运算符较为常用，其中移位运算符左移一位相当于该数乘 2，且比直接乘除法更快，灵活运用这一性质可实现高效率的运算。

基本流程控制结构有顺序结构、选择结构及循环结构。顺序结构是最基本、最简单的编程结构，程序按顺序执行指令代码；选择结构有 if 选择结构和 switch/case 选择结构；循环结构有 for 循环结构、while 循环结构及 do while 循环结构。

预处理功能是在对源程序正式编译前由预处理程序完成的，包括宏定义、文件包含和条件编译 3 种预处理功能。使用预处理功能便于程序的修改、阅读、移植和调试，也便于实现模块化程序设计。文件包含用来把多个源文件连接成一个源文件进行编译，生成一个目标文件。宏定义是指用一个标识符来表示一个字符串。在编译预处理时，对程序中所有出现的宏标识符，都用宏定义中的字符串去代换，称为宏代换。条件编译允许只编译源程序中满足条件的程序段，使生成的目标程序较短，从而减少了内存的开销，并提高了程序的效率。

Keil C51 是目前应用最广泛的单片机集成开发环境。该系统提供了包括 C 编译器、宏汇编、连接器、库管理和仿真调试器等在内的完整开发方案，通过一个集成开发环境(μVision)将这些部分组合在一起。

通过本章的学习，应能熟练掌握利用 C51 语言进行单片机编程的基础知识和方法，为后续各章节的学习打下良好的基础。

思考与练习

1. 比较采用汇编语言和 C51 语言进行单片机编程开发的主要优缺点。

2. 如何在二进制数和十六进制数之间进行相互转换？

3. 判断下列关系表达式或逻辑表达式的运算结果(1 或 0)。

①10==9 + 1;　②0&&0;　③10&&8;　④8||0;

⑤! (3 + 2);　⑥设 x=10，y=9；x>=8&&y<=x。

4. 设 x=4、y=8，说明下列各题运算后，x、y 和 z 的值分别是多少？

①z=(x + +)*(– – y);　②z=(+ +x) – (y – –);

③z=(+ +x)*(– – y);　④z=(x + +) + (y – –)。

5. C51 中的 while 和 do while 的不同点是什么？

6. 若在 C51 中的 switch 操作漏掉 break，会发生什么？

7. 数组和指针有什么区别？

8. C51 语言中自定义函数是由哪几部分组成？

9. 编写编程，输出 x^3 数据表，x 为 0～10。

10. 用 3 种循环方式分别编写程序，显示整数 1～100 的平方。

11. 编程实现 4 个整数 45、90、128、79 由小到大排列，并由 P1 端口依次输出结果。

12. 编写程序用 for 循环实现从 1 到 20 连加的和，并送 P1 口上的 8 位 LED 显示。

13. 编写程序实现判断两个数 102 和 130 的大小，大数送 P1 口 8 位 LED 显示，小数送 P0 口 8 位 LED 显示。

14. 编程实现采用移位运算 P1 口上 8 位 LED 从高位到低位方向的跑马灯显示。

第 4 章　定时器/计数器

- 理解：定时器/计数器的结构与功能、控制方法以及工作方式。
- 应用：掌握定时器/计数器编程的思路和方法，并能够在实践中灵活运用。

本章主要介绍单片机定时器/计数器的结构与功能以及控制方式。

在现实生产和生活中，如产品计数、转速测量、时间控制等场合，常需要定时或计数功能。8051 单片机内置了 2 个定时器/计数器(timer/counter)用以实现定时及计数。本章学习定时器/计数器的结构、原理、工作方式及使用方法。

4.1　定时器/计数器的结构与功能

8051 单片机内部有 2 个定时器/计数器 T0 及 T1，具有定时和计数两种功能。T0 及 T1 在工作过程中不需要 CPU 参与，也不影响 CPU 的其他工作。当计数溢出后，定时器/计数器给出中断信号，申请 CPU 停止当前的工作，去处理预先设定的中断事件。

定时器原理.wmv

1. 计数功能

计数器用于统计从 T0(P3.4)和 T1(P3.5)两个引脚输入脉冲的负跳变数量。负跳变是指前一个机器周期采样为高电平，后一个机器周期为低电平。每输入一个脉冲负跳变，计数器加 1。输入脉冲的高电平与低电平至少应保持一个机器周期，以确保正确采样，因此输入脉冲的频率最高为单片机内部脉冲频率的一半。如果内部脉冲频率为 1 MHz，则最高计数频率为 0.5 MHz。

2. 定时功能

定时功能是单片机通过对内部机器脉冲信号计数实现的，计数值乘以机器周期就是相应的时间。例如，如果单片机采用 12 MHz 的晶振，机器内部脉冲频率为 1 MHz，则机器周期为 1 μs；若共计数 1 000，则用时为 1 ms。

4.2　定时器/计数器的控制

定时器编程.wmv

每个定时器/计数器都是 16 位，分别由两个 8 位专用寄存器组成。低 8 位记为 TL，高 8 位记为 TH，用以存放 16 位计数初值的低 8 位和高 8 位。为控制定时器正常工作，其内部还设有两个 8 位的特殊寄存器 TMOD 和 TCON。TMOD 用于控制定时器/计数器的工作方式，TCON 用于控制 T0 和 T1 的启动与停止，以及保存 T0 和 T1 的溢出和中断标志。TMOD 和 TCON 的内容是通过编程设置的，系统复位时，两者均自动清零。

设置定时器/计数器的过程是先初始化工作方式寄存器 TMOD，并为定时器/计数器赋初值，然后通过控制寄存器 TCON 中的 TR0 或 TR1 实现启动或停止。

4.2.1　定时器/计数器的控制字

1. 工作方式寄存器 TMOD (timer mode)

工作方式寄存器 TMOD 用于控制定时器/计数器的工作方式和工作模式，长度为 1B，只能按字节整体赋值，即必须采用"TMOD=值;"这种 8B 位都重写数据的方式设置。TMOD 各字节位的意义见表 4-1。

表 4-1　工作方式寄存器 TMOD

定时器/计数器	T1				T0			
位　序	D7	D6	D5	D4	D3	D2	D1	D0
位符号	GATE	C/$\overline{\text{T}}$	M1	M0	GATE	C/$\overline{\text{T}}$	M1	M0

低 4 位是控制 T0 的字段，高 4 位是控制 T1 的字段。各字节位的意义如下。

(1) GATE(门控制位)用于设置 T0 或 T1 的启动方式。当 GATE=0 时，以寄存器 TCON 中的 TR0/TR1 位控制 T0/T1 启动或停止。例如，当置 TR0/TR1 为"1"时 T0/T1 启动，当置 TR0/TR1 为"0"时 T0/T1 停止。当设置 GATE=1 时，则 T0/T1 的启动受 TR0/TR1 和外部中断信号 $\overline{\text{INT0}}$/$\overline{\text{INT1}}$ 共同控制。例如，当置 $\overline{\text{INT0}}$ 和 TR0 都为"1"时 T0 才启动；否则 T0 停止。

(2) C/$\overline{\text{T}}$ 用于设置 TR0/TR1 是工作于计数器还是定时器模式。当 C/$\overline{\text{T}}$=0 时，TR0/TR1 工作于定时器方式；当 C/$\overline{\text{T}}$=1 时，TR0/TR1 工作于计数器方式。

(3) M1 和 M0 用于设置 T0/T1 的工作方式。当 M1=0 且 M0=0 时工作于方式 0(13 位计数器)，当 M1=0 且 M0=1 时工作于方式 1(16 位计数器)，当 M1=1 且 M0=0 时工作于方式 2(自动重装入初值的 8 位计数器)，当 M1=1 且 M0=1 时工作于方式 3(T0 为两个独立的 8 位计数器，T1 无效)。

【例 4-1】　设定时器 1 为定时工作方式，按方式 2 工作，定时器 0 为计数方式，按方式 1 工作，均由程序单独控制启动和停止，请给出 TMOD 控制字。

解：

定时器 1 做定时器使用，则 D6=0;

按方式 2 工作，则 D5=1，D4=0；

由程序单独控制启停，则 D7=0。

定时器 0 做计数器使用，则 D2=1；

按方式 1 工作，则 D0=0，D1=1；

由程序单独控制启停，则 D3=0。

因此，命令字 TMOD 的值应为 00100101B，即 25H。

2. 定时器控制寄存器 TCON (timer controller)

TCON 也是 8 位寄存器，与 TMOD 不同的是，它可按位单独赋值，其各位的意义见表 4-2。

表 4-2 定时器控制寄存器 TCON

定时器/计数器	T1				T0			
位　序	D7	D6	D5	D4	D3	D2	D1	D0
位符号	TF1	TR1	TF0	TR0	IE1	IT1	IE0	IT0

低 4 位用于设置外部中断，高 4 位用于设置定时器/计数器。

(1) TR0、TR1 分别用于控制 T0、T1 的启动或停止。当 TR0/TR1 置"1"时，启动定时器/计数器；当 TR0/TR1 置"0"时，停止定时器/计数器。

(2) TF0 和 TF1 分别是 T0、T1 的溢出标志位。当定时或计数达到最大容量产生溢出时，此位由硬件自动置 1，当转向中断服务程序时由硬件自动清零，若无中断服务程序则需要手动清零，即需要在程序中增加清零语句才能实现清零。

4.2.2 定时器/计数器的工作方式

寄存器 TMOD 的 M1 和 M0 两位的 4 种组合构成了定时器/计数器的 4 种工作方式，下面分别介绍这 4 种工作方式的特点和用法。

1. 方式 0 和方式 1

方式 0 是 13 位的定时器/计数器，它由 TL 的低 5 位和 TH 的 8 位构成，计数总数为 $T=2^{13}-N$，其中 N 为初值，范围为 $0\sim2^{13}$，最大计数值为 8 192；方式 1 是 16 位的定时器/计数器，由 TH 的 8 位和 TL 的 8 位构成，计数总数 $T=2^{16}-N(0\leqslant N\leqslant2^{16})$，最大计数值为 65536。方式 0 和方式 1 的工作原理基本相同，以下以 T0 为例进行说明，如图 4-1 所示。

定时器和计数器的原理都是计数，只是计数对象不同。定时器对内部机器脉冲计数，计数器对输入的外部脉冲计数。

当 $C/\overline{T}$ =0 时，寄存器接收内部脉冲信号，实现对机器脉冲计数，这时 T0 为定时器工作方式。

当 $C/\overline{T}$ =1 时，寄存器接引脚 T0(P3.4)，对 T0 输入的外部脉冲计数，这时 T0 为计数器工作方式。

当 GATE=0 时，经非门后变为高电平输入或门，经或门输出高电平，此时与门输出取决于 TR0 状态。当 TR0=1 时，开关 K 闭合，T0 开启；当 TR0=0 时，K 断开，T0 停止。

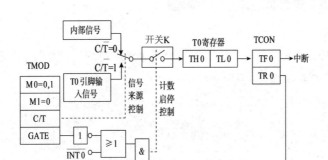

图 4-1　T0 在工作方式 0 或工作方式 1 的逻辑结构图

当 GATE=1 时，经非门后变为低电平输入或门，或门输出取决于引脚 $\overline{INT0}$ 的输入。当 $\overline{INT0}$ =1 时，或门输出高电平，此时若 TR0=1 则与门输出高电平，K 闭合，T0 开启；当 $\overline{INT0}$ =0 或 TR0=0 时，与门输出低电平，K 断开，T0 停止。

T0 启动后，在 TL 和 TH 中存储的计数初值基础上进行加 "1" 计数，直至溢出。溢出时 T0 寄存器被清零，TF0 被置位，并申请中断。此后，若 T0 重新启动，则从 0 重新开始计数。若希望 T0 从某一数值开始计数，则应给计数器设定初值。此时，若所需计数长度为 N，则计数初值 $X=2^M-N(1\leqslant N\leqslant 2^M)$。其中，当工作于方式 0 时，$M=13$；当工作于方式 1 时，$M=16$。在为计数器赋初值时，应将初值拆成高、低两部分字节，分别送入 TL 和 TH。将初值 X 拆分的方式是 $TH=X/2^k$、$TL=X\%2^k$，其中 k 是低字节的位数。

应用定时器/计数器时，需要设置工作方式寄存器 TMOD、为 TL 和 TH 设初值，并通过 TR0/TR1 控制启动或停止。

【例 4-2】　欲采用 8051 单片机控制 8 个 LED，同时以 1 s 为周期闪烁，设计电路原理图并编写程序。

解：电路原理图及程序如图 4-2 所示。

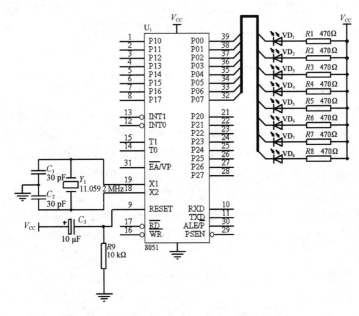

图 4-2　单片机控制 8 个 LED 以 1 s 为周期流水点亮电路原理图

参考程序如下:

```
#include<reg51.h>                //  将 8051 单片机头文件包含到文件中
int main(void )
{
    unsigned char counter;        //设置无符号字符型变量，存储定时器中断次数
    TMOD=0x01;               //设 T0 为定时模式，由 TR0 控制启动和停止，且工作于方式 1
    TH0=(65536-46083)/256;      //初始化 T0 的高 8 位
    TL0=(65536-46083)%256;      //初始化 T0 的低 8 位
    TF0=0;                   //初始化定时器溢出标志
    P0=0xff;                 //关闭 LED
    counter=0;               //从 0 开始计数
    TR0=1;                   //启动定时器 0
    while(1)
    {
        while(TF0==1)          //如果定时器溢出
        {
            counter++;          //计时次数加 1
            if(counter==20)      //计时时间达到 1 s
            {
                P0=~P0;          //  P0 所有位取反，使 LED 闪烁
                counter=0;       //重新从 0 开始计数
            }
            TH0=(65536-46083)/256;   //重新初始化 T0 的高 8 位
            TL0=(65536-46083)%256;   //重新初始化 T0 的低 8 位
            TF0=0;                //重新初始化定时器溢出标志
        }
    }
}
```

程序分析：在硬件电路图 4-2 中，采用 11.059 2 MHz 的晶振，图中晶振电路和复位电路都是典型形式。8 个发光二极管 LED 接在 P0 口 8 个位上，采用共阳极形式。其中，$R_1 \sim R_8$ 为限流电阻，用于防止电流过大烧坏 LED 及单片机端口，其值可用电压和驱动 LED 发光所需电流的比值近似选取，计算方法为：

$$R=(V-V_F)/I$$

式中，V_F 是 LED 的正向电压，一般为 1.8~2.1 V。

本例 LED 电流为(5 V-2 V)/470 Ω ≈6 mA，一般电流在 3～20 mA 时可使 LED 正常发光。

由于晶振脉冲频率为 11.059 2 MHz，每个机器周期为 12 个脉冲频率，则机器周期为 $T=1/f=(12/11.059\ 2)=1.085(\mu s)$。若采用工作方式 0 且设初值为 0，则可获最长定时时间为 (8 192×1.085) ≈9 ms，而题意要求闪烁周期长达 1 s，可用软件计数的方法实现。若每次溢出定时 8 ms，则检测到 125 次溢出可获得 1 s 的定时时间，采用工作方式 1 可获最长定时时间为(65 536×1.085) ≈71 ms；若每次溢出定时 50 ms，则 20 次溢出可获得 1 s 的定时时间。由于每次溢出后需要进行一系列操作带来计时误差，因此采用工作方式 1 溢出次数较少，计时更准确。

计时 50 ms 需要计 50 000/1.085=46 083 个机器周期，在工作方式 1 下定时器需要设初值为 65 536-46 083=19 453，转换为十六进制为 0x4BFD，因此定时器初值低 8 位设为 TL0=0xFD，高 8 位设为 TH0=0x4B，也可直接按十进制给定时器设初值，此时低 8 位设为

TL0=(65 536-46 083)%256，高 8 位设为 TH0=(65 536-46 083)/256，可保证计时 50 ms 后溢出，溢出标志 TF0 自动置 1，并申请中断。关于定时器中断的内容见第 5 章，本例采用了查询 TF0 的方式检查是否定时时间到，从而控制 LED 以 1 s 为周期闪烁。

2. 方式 2

方式 0 和方式 1 的计数溢出后计数器被清零，当循环定时或循环计数时就需要反复设置初值，这给程序设计带来许多不便，同时也影响计时精度。工作方式 2 具有自动重装载功能，即能自动加载计数初值。图 4-3 是 T0(T1)在方式 2 下的结构。

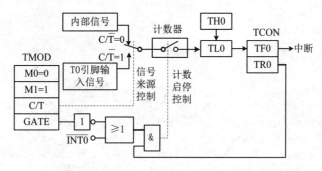

图 4-3 T0 在工作方式 2 的逻辑结构图

在方式 2 下，16 位计数器被分为两部分，即以 TL0 作为计数器、以 TH0 作为存储器。初始化时把计数初值分别加载至 TL0 和 TH0 中，当计数溢出时，不需要用软件重新赋值，而是由存储器 TH0 自动给计数器 TL0 加载计数初值。若所需计数长度为 N，则计数初值 $X=2^8-N(1 \leqslant N \leqslant 256)$。

【例 4-3】 图 4-4 是产品包装生产线的计数系统，每个产品经过计数装置时由机械杆碰合按键 S_1 一次。当第一次计满一包(5 个)则 D1 亮，计满第二包则 D2 亮，……计满第 8 包则 D8 亮，8 包包装成一箱，此后重复以上过程。编写程序实现此功能。

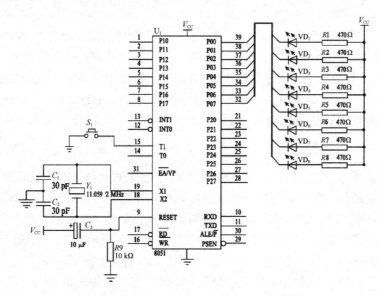

图 4-4 产品包装生产线的计数系统电路原理图

程序如下：

```c
#include<reg51.h>          //包含 51 单片机寄存器定义的头文件
unsigned char counter;     //计数初值
main(void )
{
    TMOD=0x60;             //使用 T1 的工作方式 2
    TH1=256-5;             //T1 的高 8 位赋初值
    TL1=256-5;             //T1 的低 8 位赋初值
    counter=0;
    TR1=1;                 //启动 T1
    while(1)
    {
        while(TF1==1)      //如果计满
        {
            TF1=0;         //计数器溢出后，将 TF1 清零
            counter++;     //计数加 1
            switch (counter) //检查中断计数值
            {
                case 1: P0=0xfe; break;  //如果中断计数值为 1，则第 1 个灯亮
                case 2: P0=0xfd; break;  //如果中断计数值为 2，则第 2 个灯亮
                case 3: P0=0xfb; break;  //如果中断计数值为 3，则第 3 个灯亮
                case 4: P0=0xf7; break;  //如果中断计数值为 4，则第 4 个灯亮
                case 5: P0=0xef; break;  //如果中断计数值为 5，则第 5 个灯亮
                case 6: P0=0xdf; break;  //如果中断计数值为 6，则第 6 个灯亮
                case 7: P0=0xbf; break;  //如果中断计数值为 7，则第 7 个灯亮
                case 8: P0=0x7f; counter=0; break;  //如果中断计数值为 8，则第 8
                                                    //个灯亮，并重新初始化计数值
            }
        }
    }
}
```

程序分析： 本例采用工作方式 2 计数器模式，由软件启停，因此 TMOD=0x60。工作方式 2 中，以 TL1 作为计数器、TH1 作为存储器。初始化时把计数初值分别加载至 TL1 和 TH1 中，当计数溢出时，由存储器 TH1 自动给计数器 TL1 重新加载计数初值。按题意要求，计满 5 个数后计数器溢出，因此 T1 赋计数初值为 TH1=256-5，TL1=256-5。由于本例没有用中断方式处理溢出事件，因此定时器溢出之后，TF1 需要编程复位。

3. 方式 3

在工作方式 3 下，T0 被拆成两个独立的 8 位计数器 TL0 和 TH0，TL0 独占 T0 的各控制位、引脚和中断源，既可以用作定时器也可以用作计数器。TH0 只能作为定时器使用，且需要占用 T1 的控制位 TR1 和 TF1 实现启停和中断，如图 4-5 所示。两个定时器/计数器的使用方法与方式 0 或方式 1 相似。另外，工作方式 3 只适用于 T0，不适用于 T1。若将 T1 强行设置为模式 3，将使 T1 立即停止计时或计数，相当于使 TR1=0。

当 T0 在工作方式 3 时，T1 仍可以设置为除工作方式 3 以外的其他工作方式，但由于它的 TR1 和 TF1 已被 T0 占用，因此无法按正常计时器/计数器工作，常用于串行通信时的

波特率发生器，以控制传输数据的速度。

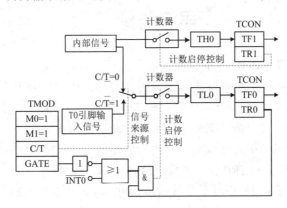

图 4-5　T0 在工作方式 3 的逻辑结构图

本 章 小 结

8051 单片机内部有两个 16 位的可编程定时器/计数器 T0 及 T1，每个定时器/计数器分别由两个 8 位专用寄存器组成，用以存放定时或计数初值。此外，还有工作方式寄存器 TMOD 用于控制和确定定时器/计数器的工作方式和工作模式，以及定时器控制寄存器 TCON 用于控制 T0 和 T1 的启动与停止，保存 T0 和 T1 的溢出和中断标志。

8051 单片机的每个定时器/计数器都具有定时和计数两种功能。无论 T0 和 T1 工作于计数方式还是定时方式，都将按设定的工作方式独立运行，不占用 CPU 的时间。当计数溢出后，定时器/计数器送给 CPU 一个信号，可使 CPU 停止当前的工作，去处理预先设定的溢出事件。

定时器功能是单片机通过对内部机器脉冲信号计数实现的，每个机器周期计数器加 1。计数器用于统计从 T0(P3.4)或 T1(P3.5)两个引脚输入脉冲的负跳变数量。每输入一个脉冲负跳变，计数器加 1。计数脉冲的频率不能高于振荡脉冲频率的 1/24，并且脉冲的高电平与低电平至少应保持一个机器周期，以确保正确采样。

寄存器 TMOD 的 M1 和 M0 的 4 种组合构成了定时器/计数器的 4 种工作方式。工作方式 0 是 13 位的定时器/计数器，即 TH 的 8 位和 TL 的低 5 位，13 位的初值被拆成高、低字节，分别送入 TH 和 TL；工作方式 1 是 16 位的定时器/计数器，即 TH 的 8 位和 TL 的低 8 位；在工作方式 2 下，16 位计数器被分为两部分，即以 TL0 作为计数器，以 TH0 作为存储器。初始化时把计数初值分别加载至 TL0 和 TH0 中，当计数溢出时，不需要用软件重新赋值，而是由存储器 TH0 自动给计数器 TL0 加载计数初值；在工作方式 3 下，T0 被拆成两个独立的 8 位计数器 TL0 和 TH0，TL0 独占 T0 的各控制位、引脚和中断源，既可以用作定时器也可以用作计数器。TH0 只能作为定时器使用，且需要占用 T1 的控制位 TR1 和 TF1 实现启停和中断。

通过本章的学习，并结合第 5 章中断系统的学习，读者应能掌握定时器/计数器的工作原理，并能灵活应用定时器/计数器进行编程。

思考与练习

1. 工作方式寄存器 TMOD 各个位的作用是什么？如何设定？

2. 定时器控制寄存器 TCON 在定时器应用中起什么作用？如何设定？

3. 8051 单片机的定时器/计数器有哪几种工作方式？各有什么特点？

4. 8051 定时器用作定时和计数时其计数脉冲分别由谁提供？

5. 设定时器/计数器 T0 为计数工作方式，按方式 2 工作，由 $\overline{INT0}$ 控制启停；T1 为定时方式，按方式 1 工作，由 TR0 控制启停，给出 TMOD 控制字。

6. 当定时器/计数器的加 1 计数器计满溢出时，溢出标志位 TF1 由硬件自动置位，如何实现 TF1 复位？

7. 设 MCS-51 单片机晶振 f_{osc}=6 MHz，问 T0 处于 4 种不同的工作方式时，最大定时范围是多少？

8. 设 MCS-51 单片机晶振 f_{osc}=12 MHz，要求 T0 定时 150 μs，分别计算采用定时方式 0、方式 1 和方式 2 时的定时初值。

9. 当 MCS-51 单片机晶振 f_{osc}=12 MHz，工作在方式 1 下时，可获得最大定时时间约为 65 ms，如果需要定时时间为 1 min，应该如何实现？

10. 设 f_{osc}=12 MHz。试编写一段程序，对定时器 T1 初始化，使之工作在模式 2，产生 200 μs 定时，并用查询 T1 溢出标志的方法，控制 P1.1 输出周期为 2 ms 的方波。

11. 设 MCS-51 的单片机晶振为 6 MHz，使用 T1 对外部按键开关计数，每计数 5 次后，T1 转为定时工作方式，定时 1 s 后，又转为计数方式，如此反复的工作，试编程实现上述功能。

12. 欲采用 8051 单片机控制 4 个 LED，实现从第一个 LED 开始以 0.5 s 周期的跑马灯。

13. 设 f_{osc}=12 MHz，两只拨码开关分别接入 P3.0、P3.1，在开关信号 4 种不同的组合逻辑状态 00、01、10 和 11 情况下，使 P1.0 分别输出频率 0.5 kHz、1 kHz、2 kHz、4 kHz 的方波。

第 5 章 单片机的中断系统

学习目标

- 了解：中断的机制、8051 单片机的中断系统结构。
- 理解：如何配置与中断相关的寄存器、如何实现中断控制。
- 应用：掌握外部中断服务程序设计。

本章导读

本章主要介绍中断的机制和原理、51 单片机的中断系统结构以及编程控制方式。

5.1 中断系统简介

中断系统原理.wmv

单片机具有实时处理功能，能及时地响应或处理外部发生的事件，这是依靠中断系统来实现的。当单片机 CPU 在执行某一程序过程中，在突发事件的请求下，CPU 中断当前正在执行的程序，自动转去执行为处理该事件而预先编写的服务程序，当服务程序执行完后，CPU 继续执行原来的程序，这一过程称为中断。请求产生中断的事件称为中断源，中断源向 CPU 提出请求称为中断请求或中断申请。例如，看书时电话铃声响起，于是停止看书，转而去接听电话，当电话接听完毕后，再继续看书，这就是一次中断处理过程，中断源是电话铃声，接电话的过程就是中断服务的过程，接听完返回继续看书称为中断返回。中断请求事件什么时候发生、什么样的事件发生，都不是预知的，但事件发生后，会主动向 CPU 提出中断申请，而不是由 CPU 主动去查询或等待是否有中断请求事件发生。中断源发出中断请求后，并不一定能得到响应。如果关闭单片机的中断总控制位，则 CPU 不会响应任何中断请求。此外，每个中断源还有相应的中断屏蔽位，若为屏蔽状态，CPU 也不会响应该中断。

5.2 中断源及中断触发

中断系统编程.wmv

8051 单片机系统提供 5 个中断源，包括两个外部中断源 $\overline{INT0}$ 和 $\overline{INT1}$、两个定时器/计数器中断源 T0 和 T1 以及一个串口中断源。每个中断源都被分配了一个编号以及相应的中断服务程序入口地址，通过该入口地址中的跳转指令转到相应的中断服务程序。如果多个中断源同时向 CPU 提出中断请求，CPU 将选择优先级最高的中断源为其服务。当完成高优先级的中断服务后，CPU 才能响应低优先级的中断请求。表 5-1 给出了各中断源的默认优先级、中断编号及入口地址。

表 5-1　中断源的默认优先级、中断编号及入口地址

中断源	默认优先级	中断源编号(C 语言使用)	入口地址
外部中断 $\overline{\text{INT0}}$	高	0	0x0003
定时器/计数器 T0		1	0x000B
外部中断 $\overline{\text{INT1}}$		2	0x0013
定时器/计数器 T1		3	0x001B
串行口中断	低	4	0x0023

电平触发和边沿触发是引起中断的两种触发方式。

1. 电平触发

若外部中断定为电平触发,当中断外部引脚输入低电平时触发中断。此时,$\overline{\text{INT0}}$ ($\overline{\text{INT1}}$)引脚必须保持低电平,直到该中断请求被 CPU 接受并响应。由于 CPU 在每个机器周期仅对 $\overline{\text{INT0}}$ ($\overline{\text{INT1}}$)引脚电平采样一次,为保证中断能够得到响应,因此外部中断 $\overline{\text{INT0}}$ ($\overline{\text{INT1}}$)的低电平应维持一个机器周期以上。在中断服务程序返回时,引脚电平状态必须变为高电平,否则会再次引发中断。

2. 边沿触发

若外部中断定为边沿触发,当中断外部引脚输入负跳变时触发中断。如果在连续的两个机器周期中,前一个周期在 $\overline{\text{INT0}}$ ($\overline{\text{INT1}}$)引脚采样到高电平,后一个机器周期采样到低电平,将触发 $\overline{\text{INT0}}$ ($\overline{\text{INT1}}$)中断。采用负跳变触发方式时,外部中断的请求信号也必须至少维持一个机器周期以上,这样才能保证 CPU 检测到该信号的下降沿。

5.3　中断系统的控制

8051 单片机允许对中断系统进行中断允许控制和中断优先级控制,可以分别通过配置中断允许寄存器 IE 和中断优先级寄存器 IP 来实现这两项控制。

1. 定时器/计数器控制寄存器 TCON

表 5-2 给出了 TCON 的格式,其中低四位用于控制外部中断 $\overline{\text{INT0}}$ 和 $\overline{\text{INT1}}$ 的工作方式。

表 5-2　定时器/计数器控制寄存器 TCON

项	定时器/计数器控制位				中断控制位			
位序	D7	D6	D5	D4	D3	D2	D1	D0
位符号	TF1	TR1	TF0	TR0	IE1	IT1	IE0	IT0

IE0 和 IE1 分别是外部中断 $\overline{\text{INT0}}$ 和 $\overline{\text{INT1}}$ 的中断请求标志位。当外部中断 $\overline{\text{INT0}}$ 和 $\overline{\text{INT1}}$ 向 CPU 提出中断请求后,由硬件自动将 IE0 和 IE1 置 1。当 CPU 响应该中断后,由硬件自动将 IE0 和 IE1 清零。

IT0 和 IT1 分别是外部中断 $\overline{\text{INT0}}$ 和 $\overline{\text{INT1}}$ 的中断触发方式设置位。

当 IT0=0(IT1=0)时，设置由低电平触发外部中断 $\overline{\text{INT0}}$ ($\overline{\text{INT1}}$)。

当 IT0=1(IT1=1)时，设置外部中断 $\overline{\text{INT0}}$ ($\overline{\text{INT1}}$)为负跳变触发方式。

2. 中断允许寄存器 IE

通过配置中断允许寄存器 IE，可以实现对中断源的开放或屏蔽设置，并且可以实现两级控制。首先，所有的中断源同受一个总开关控制，能够控制所有中断源是否开放。其次，5 个中断源分别对应一个中断屏蔽位，可以单独设置该中断是否开放。IE 的字节地址为 0xA8，可以进行位寻址，具体格式如表 5-3 所示。

表 5-3　中断允许寄存器 IE

项	中断控制位							
位序	D7	D6	D5	D4	D3	D2	D1	D0
位符号	EA	—	—	ES	ET1	EX1	ET0	EX0

EA：中断允许总开关控制位。EA=1：CPU 开放所有中断；EA=0：CPU 禁止所有中断。

ES：串行口中断允许位。ES=1：允许串行口中断；ES=0：禁止串行口中断。

ET1：定时器/计数器 T1 中断允许位。ET1=1：允许 T1 中断；ET1=0：禁止 T1 中断。

EX1：外部中断 $\overline{\text{INT1}}$ 中断允许位。EX1=1：允许外部中断 $\overline{\text{INT1}}$ 中断；EX1=0：禁止外部中断 $\overline{\text{INT1}}$ 中断。

ET0：定时器/计数器 T0 中断允许位。ET0=1：允许 T0 中断；ET0=0：禁止 T0 中断。

EX0：外部中断 $\overline{\text{INT0}}$ 中断允许位。EX0=1：允许外部中断 $\overline{\text{INT0}}$ 中断；EX0=0：禁止外部中断 $\overline{\text{INT0}}$ 中断。

3. 中断优先级寄存器 IP

8051 单片机支持两种中断优先级，5 个中断源分别对应一个中断优先级控制位，均可以单独设置为高优先级或低优先级，该功能通过配置中断优先级寄存器 IP 来实现。中断优先级寄存器 IP 的字节地址为 0xB8，可以进行位寻址，具体格式如表 5-4 所示。

表 5-4　中断优先级寄存器 IP

项	中断控制位							
位序	D7	D6	D5	D4	D3	D2	D1	D0
位符号	—	—	—	PS	PT1	PX1	PT0	PX0

PS：串行口中断优先级控制位。PS=1：设置串行口中断为高优先级；PS=0：设置串行口中断为低优先级。

PT1：定时器/计数器 T1 中断优先级控制位。PT1=1：设置 T1 中断为高优先级；PT1=0：设置 T1 中断为低优先级。

PX1：外部中断 $\overline{\text{INT1}}$ 中断优先级控制位。PX1=1：设置外部中断 $\overline{\text{INT1}}$ 为高优先级；PX1=0：设置外部中断 $\overline{\text{INT1}}$ 为低优先级。

PT0：定时器/计数器 T0 中断优先级控制位。PT0=1：设置 T0 中断为高优先级；PT0=0：设置 T0 中断为低优先级。

PX0：外部中断 $\overline{INT0}$ 中断优先级控制位。PX0=1：设置外部中断 $\overline{INT0}$ 为高优先级；PX0=0：设置外部中断 $\overline{INT0}$ 为低优先级。

中断系统结构如图 5-1 所示。

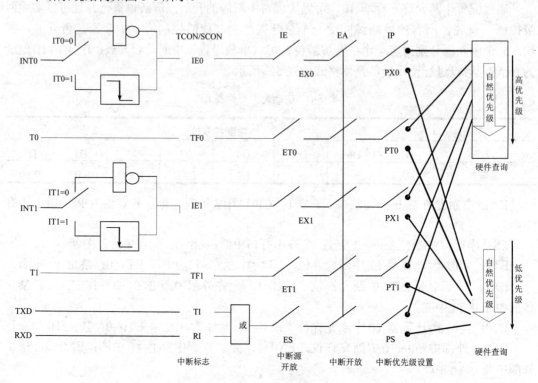

图 5-1　单片机的中断系统结构图

【例 5-1】　如果 IP 的值设为 06H 且 5 个中断请求同时发生，求中断响应的次序。

解：06H 化为二进制是 00000110B，根据表 5-4 可知，定时器 T0 和外中断 $\overline{INT1}$ 被设置成高优先级中断，如果 5 个中断请求同时发生，中断响应的先后次序是：定时器 T0→外中断 INT1→外中断 $\overline{INT0}$→定时器 T1→串行中断。

8051 单片机 5 个中断源只能设置两个中断优先级，且在同一级内有固定的执行顺序，因此在中断优先级安排上受到一定的限制。如果设置优先顺序为 T1→T0→INT0，则不可行，因为需要 T1 和 T0 优先于 INT0，则必须将 T1 和 T0 设为高优先级且 INT0 设为低优先级，但此时 T0 将优先于 T1。

5.4　中断系统的编程

中断系统的编程主要步骤如下。

(1) 中断允许寄存器 IE，打开中断开关，包括总开关 EA 及分支开关。

(2) 设置触发方式。

(3) 编写中断服务程序。

如果使用定时器中断或串行口中断，还应增加相应的设置。

中断函数的定义如下：

```
void 函数名(void) interrupt n using m
{
    中断函数内容
}
```

修饰符 interrupt n 表明该中断服务程序所对应中断源的中断编号，其值含义见表 5-1。当函数定义使用了 interrupt n 修饰符，编译器会把该函数转化为中断函数，并自动在对应的中断入口地址处添加跳转指令，以便转入本中断函数。

修饰符 using m 用于指定本函数内部使用的工作寄存器组，其中 m 的取值为 0~3。该修饰符可省略，由编译器去分配。

编写中断函数时，应注意以下几点。

(1) 中断函数不带任何参数，否则会导致编译出错。

(2) 中断函数不能有返回值，所以函数类型应为 void。

(3) 中断函数必须由中断源触发而自动调用，不得直接调用，因此也不用提前声明。

(4) 中断函数要精简，避免因执行时间过长而影响其他中断的响应。

【例 5-2】　如图 5-2 所示，P0 口连接了 8 个发光二极管，$\overline{\text{INT1}}$ 引脚上接了一个按键，要求每次按键均能改变发光二极管的亮灭。

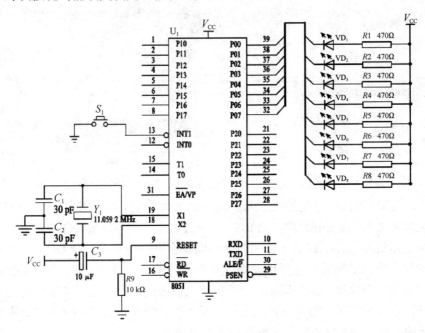

图 5-2　外部中断

解：程序代码如下：

```
#include <reg51.h>
#define LED P0
```

```
sbit KEY = P3^3;
bit flag=0;
void delay(unsigned char n)          //延时子函数
{
    unsigned char a;
    for(a=0;a<n;a++);
}

main(void)
{
    IT1=1;                           //设置边沿触发方式
    EA=1;
    EX1=1;
    LED=0xff;                        //发光二极管灭
    while(1)
    {
    if( flag==1 )                    //有外部中断的按键
        {
        delay(100);                  //延迟一段时间，判断是否为抖动
            if( KEY==0 )             //还有按键，说明不是抖动
            {
            while( !KEY );           //等待按键松开
                LED=~LED;            //改变发光二极管的亮灭
            }
            flag=0;                  //上次外部中断已经处理完毕，所以清除该变量
            EX1=1;                   //再次开放外部中断
        }
    }
}
void  int1(void) interrupt 2         //中断服务程序
{
    flag=1;                          //设置中断标志变量为真，表明有按键闭合
    EX1=0;                           //暂时不允许再次产生外部中断
}
```

程序说明：分析电路连线，可确定当按键断开时，$\overline{INT1}$ 引脚呈现高电平；当按键闭合时，$\overline{INT1}$ 引脚呈现低电平。因此，每一次按键都会触发 $\overline{INT1}$ 中断。如果 $\overline{INT1}$ 中断的中断请求能够被 CPU 接受并处理，则 $\overline{INT1}$ 中断必须开放，即必须设置 EA 和 EX1 控制位。由于按键是机械元件，键的闭合和断开瞬间都会有抖动现象，使 $\overline{INT1}$ 引脚上的电平出现瞬时变化，错误地触发中断，因此必须依靠软件消除键抖动。不管 $\overline{INT1}$ 中断采用的是边沿检测还是电平检测，都必须做到一次按键只被处理一次，这一点可以通过等待并判断按键松开之后再对发光二极管操作来实现。另外，在编写中断服务程序时，应避免使中断时间过长的操作，如本例中断服务程序编成以下形式：

```
void  int1(void) interrupt 2         //中断服务程序
{
    delay(100);                      //延迟一段时间，判断是否为抖动
    if( KEY==0 )                     //还有按键，说明不是抖动
    {
```

```
    while( !KEY );              //等待按键松开
        LED=~LED;              //改变发光二极管的亮灭
    }
}
```

由于中断函数里有去除按键抖动以及等待按键松开的处理,当按键时间过长时,程序会陷入执行语句 while(!KEY)不得退出,使低优先级的中断得不到及时响应,有可能造成程序逻辑错误。在需要同时使用多个中断的情况下,应根据中断的重要情况调整优先级顺序,【例 5-2】中如果同时使用串口中断接收数据,则可设置串口中断为高优先级,以防止得不到 CPU 的及时响应,造成数据接收错误。

【例 5-3】 同图 5-2,单片机的 P0 口接了 8 个发光二极管,要求使用定时器 T0 中断实现流水灯操作,流水频率为 0.5 s 更替一次(假设单片机外接 11.059 2 MHz 的晶振)。

解:程序代码如下:

```
#include<reg51.h>
unsigned char cnt=0;                //用于中断次数计数
unsigned char led =0xfe;            //初始化流水灯,只有一个是点亮的
int main(void)
{
    TMOD=0x01;                      //16 位定时方式
    TH0=(65536-46083)/256;          //初始化 T0 的高 8 位
    TL0=(65536-46083)%256;          //初始化 T0 的低 8 位
    EA=1;
    ET0=1;                          //开始中断
    TR0=1;                          //启动 T0 工作
    while(1);
}
void T0_int(void)    interrupt 1
{
    cnt++;
    if( cnt==10 )                   //0.5s 到了
    {
        cnt=0;                      //清除次数统计
        led =(led <<1)|1;           //更新流水灯数据
        if(led ==0xff)
        {
            led =0xfe;
        }
        P0=led;                     //显示流水灯
    }
    TH0=(65536-46083)/256;          //初始化 T0 的高 8 位
    TL0=(65536-46083)%256;          //初始化 T0 的低 8 位
}
```

程序说明:使用定时器 T0 中断,必须初始化 T0,初始化内容包括以下几个方面。

(1) 确定计数初值以及定时器工作方式。

为了定时 0.5 s,由于每个机器的周期为 1.085 μs,T0 的计数值 $N=0.5×10^6/1.085=460\,830$,该值已经超出了 16 位计数器的容纳范围,因此可以采用每次定时 0.05 s、计数 10 次的方

式实现定时 0.5 s。确定计数值为 46 083。根据计数值确定 T0 工作在方式 1,计数初值 X=65 536−46 083=19 453。

(2) 开放定时器中断,即设定 EA=1、ET0=1。

(3) 启动定时器 T0 工作。

(4) 由于方式 1 不具有初值自动重装载功能,所以每次中断必须将计数初值再次装载。

本 章 小 结

中断系统是单片机的重要组成部分,单片机通过中断方式实现处理器与外部设备之间的信息交换时,可以大幅提高系统效率。

8051 单片机系统提供 5 个中断源,分别包括两个外部中断源 $\overline{\text{INT0}}$ 和 $\overline{\text{INT1}}$,两个定时器/计数器中断源 T0 和 T1 以及一个串口中断源。

8051 单片机允许对中断系统进行中断允许控制和中断优先级控制。通过配置中断允许寄存器 IE 可以设置中断是否开放,以及具体的某个中断源是开放还是被屏蔽;通过配置中断优先级寄存器 IP,可以设置每个中断的优先级别是高还是低。

当某个中断源向 CPU 提出中断请求,而 CPU 的中断是开放的,该中断源也没有被屏蔽,且其中断优先级最高,CPU 便会响应该中断。CPU 将该中断的入口地址装入 PC,程序转向相应的中断入口地址,通过执行存放于该入口地址处的跳转指令转入中断服务程序执行。

中断函数不带任何输入输出参数;不能直接调用中断函数,中断服务程序要尽量简短,避免延时语句。

思考与练习

1. 什么是中断和中断系统? 其主要功能是什么?

2. 什么是中断优先级? 中断优先处理的原则是什么?

3. 8051 在什么条件下可响应中断?

4. 以下几种中断优先顺序的安排(级别由高到低)是否可能,若可能应如何设置寄存器 IP?

a. 定时器 0→定时器 1→外中断 0→外中断 1→串行口中断

b. 串行口中断→外中断 0→定时器 0→外中断 1→定时器 1

c. 外中断 0→定时器 1 →外中断 1 →定时器 0→串行口中断

d. 外中断 0→外中断 1→串行口中断→定时器 0→定时器 1

e. 串行口中断→定时器 0→外中断 0 →外中断 1 →定时器 1

f. 外中断 0→外中断 1→定时器 0 →串行口中断→定时器 1

g. 外中断 0→定时器 1→定时器 0 →外中断 1→串行口中断

5. 8051 各中断源的中断标志是如何产生的? 中断标志又是如何清零的?

6. 中断函数与普通函数有什么不同?

7. 电路如图 5-2 所示,编写控制程序,使用外部中断方式控制按键改变流水灯的流水方向，使用循环延时的方式控制流水间隔，时长不限。

8. 电路如图 5-2 所示，编写控制程序，使用外部中断方式控制按键改变流水灯的流水方向，使用定时器方式使流水间隔 0.5 s。

9. 设系统时钟频率为 12 MHz，利用定时器 T0 中断，实现从 P2.1 输出高电平宽度为 10 ms，低电平宽度为 20 ms 的矩形波。

10. 设系统时钟频率为 12 MHz，利用定时器 T0 中断控制 P2.0 引脚输出频率为 10 Hz 的方波，利用定时器 T1 中断控制 P2.1 引脚输出频率为 1000 Hz 的方波。

第6章 串行通信

学习目标

- 了解：串行通信的基础知识、串行接口的结构。
- 理解：如何配置串行控制寄存器和电源管理寄存器、如何设置串行口的工作方式。
- 应用：掌握单片机串行通信接口编程，包括查询和中断两种方式。

本章导读

本章介绍串行通信的基础知识和串行接口的结构与工作方式，以及串口通信的编程控制。

单片机与外界信息交换有并行通信和串行通信两种方式。并行通信方式是指数据的各个二进制位在不同的数据线上同时传输，如通过 P0 口的通信。并行通信传输速度快、效率高，但所需的数据线多、成本高、抗干扰能力较差，适用于近距离传输。串行通信方式是指将数据拆分成多个二进制位，逐一在同一条数据线上输出。串行通信虽然传输速度较慢、效率较低，但所需的数据线少、硬件电路简单、抗干扰能力强，且适用于远距离数据传输，因此得到广泛应用。8051 单片机具有一个全双工的异步串行通信接口，可以同时发送和接收数据。本章将介绍与串行通信有关的基本概念、8051 单片机的串行通信接口结构、控制寄存器、工作方式等内容，并以实例说明串行通信接口的编程方法。

6.1 概　述

串行通信原理.wmv

1. 同步通信与异步通信

串行通信有同步通信和异步通信两种方式。同步通信必须在同步时钟的控制下发送和接收，即必须先发送一个时钟脉冲然后才能发送或接收一位数据，发送和接收之间是同步进行的；异步通信则不需要同步时钟，而是根据起始位和停止位判定一帧的开始和结束，即发送和接收之间是异步进行的。

1) 同步通信

同步通信是一种连续的串行传输数据的通信方式，待发送的若干个字符数据构成一个数据块，在该数据块前部添加 1~2 个同步字符，在数据块的末尾添加校验信息，以此种方式构成数据帧，以数据帧为单位进行串行通信，数据帧的格式如图 6-1 所示。通信时，发送方首先发送同步字符，之后紧跟数据块，最后是校验字符，在同步时钟的控制下逐位发送。接收方在检测到同步字符后，开始在同步时钟的控制下逐个接收数据，直到把所有

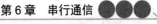

数据接收完毕，最后进行校验。

| 同步字符1 | 同步字符2 | 数据1 | 数据2 | ··· | 数据n | 校验字符 |

图 6-1　同步通信的数据帧格式

2)　异步通信

异步通信的每一帧由四部分构成，分别是起始位、数据位、校验位和停止位，如图 6-2 所示。起始位是数据开始传输的标志，用逻辑 0 表示；数据位紧跟起始位，是真正待发送的数据，通常是 5~8 位二进制位，低位在前，高位在后；校验位用于校验数据位是否发送正确，可以选择奇校验、偶校验或者不使用校验位。对于偶校验来说，如果传输数据中 "1" 的个数为偶数，则校验位为 0；否则为 1，当校验位与实际发送数据不符时，通知发送方重新发送数据。停止位用于表示一帧数据的结束，用逻辑 1 表示，可选择 1 位、1.5 位或 2 位。帧和帧之间可以连续，或者加入任意的空闲位，空闲位用逻辑 1 表示。

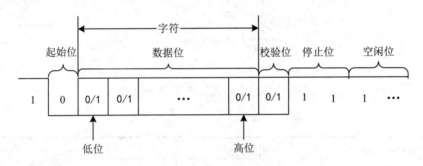

图 6-2　异步通信的数据帧格式

2. 串行通信的方向

按照数据传输方向，串行通信可以分为单工、半双工和全双工 3 个种类，如图 6-3 所示。

(1) 单工。通信双方一方固定为发送方，另一方固定为接收方，数据只能是单行传输。

(2) 半双工。通信双方只使用一根数据线，每一方都有发送器和接收器，可以在两个方向上传输，但通信双方不能同时接收或发送数据，只能交替进行。

(3) 全双工。通信双方使用两根数据线，分别用于不同方向的数据传输，通信双方能够同时收发数据。

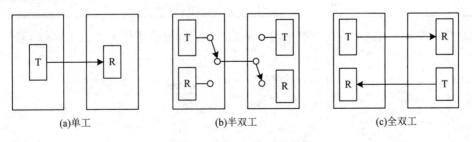

| (a)单工 | (b)半双工 | (c)全双工 |

图 6-3　串口通信的 3 种方式

3. 波特率

波特率是数据传输速率，是指每秒钟传送二进制位的个数，单位为 b/s。波特率是串行通信的重要指标，波特率越高，串口数据传输速度越快。若设定波特率为 9 600 b/s，而数据帧由 1 位起始位、8 位数据位、1 位停止位构成，则串口每秒钟最多传输 9 600/(1+8+1)=960B。

4．RS-232C 串口通信标准

为使不同厂家生产的设备相互兼容，美国电子工业协会(EIA)1962 年公布了 RS-232C 通信标准。RS-232C 标准包括机械指标和电气指标两个方面。

1) RS-232C 的机械指标

目前，大部分计算机都使用 DB9 接口连接，如图 6-4 所示，引脚定义见表 6-1。

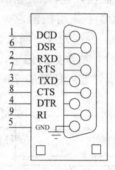

图 6-4　RS-232C 通信接口引脚排列图

表 6-1　RS-232C 标准的引脚定义

DB9 接口的引脚号	引脚名称	功能说明
1	DCD	载波检测
2	RXD	接收数据
3	TXD	发送数据
4	DTR	数据终端准备就绪
5	GND	信号地线
6	DSR	数据准备完成
7	RTS	请求发送
8	CTS	清除发送
9	RI	振铃指示

双机近距离串口通信时，可以采用简单的三线式连接，连线方式如图 6-5 所示。

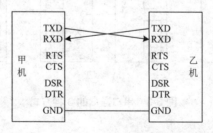

图 6-5　RS-232C 标准的三线式连接

2)　RS-232C 的电气指标

RS-232C 对 TXD 和 RXD 引脚上的逻辑电平的规定是：逻辑 1(MARK)用-3～-15 V 表示；逻辑 0(SPACE)用+3～+15 V 表示。单片机采用的是 TTL 电平标准：逻辑 1 用+5 V 表示，逻辑 0 用 0 V 表示，实际使用时小于 0.8 V 为 0，高于 2.4 V 为 1。由于 RS-232C 和单片机的电气标准不一致，当单片机通过串口方式与 PC 通信时通常采用 MAX3232 等专用芯片实现电平转换。

MX3232 包含两路接收器和驱动器，内部的一个电源电压变换器可以将 TTL 电平转换成 RS-232C 电平标准。在实际应用中，引脚 C1+与 C1-、C2+与 C2-、V+与 V_{CC}、V-与 GND 之间需要分别接入 0.1μF 的电容，用于电源变换，如图 6-6 所示。引脚 T1IN 与 T2IN 可直接连接单片机的串口发送引脚 TXD；R1OUT 与 R2OUT 可直接连接单片机的串口接收引脚 RXD；T1OUT 与 T2OUT 可直接连接 PC 机 RS-232C 接口的接收引脚 RXD；R1IN 和 R2IN 可直接连接 PC 的 RS-232C 接口的发送引脚 TXD。MAX3232 的两路收发电路可以任选一路用作连线，如图 6-6 采用的就是第二路收发电路。

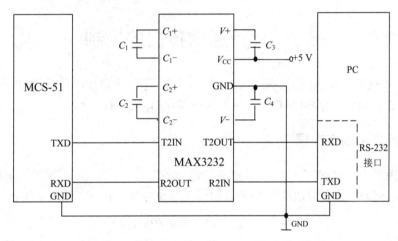

图 6-6　单片机与 PC 的串口通信电路图

6.2　串行通信接口的结构

8051 单片机的串行口主要由数据发送缓冲器(SBUF)、发送控制器、输出控制门、数据接收缓冲器(SBUF)、接收控制器、输入移位寄存器、串行口控制寄存器(SCON)构成，如图 6-7 所示。

数据发送缓冲器(SBUF)和数据接收缓冲器(SBUF)共用同一个地址 0x99，数据发送缓冲器(SBUF)只能写入而不能读出，数据接收缓冲器(SBUF)只能读出而不能写入。在串行口发送数据时，CPU 将待发送的数据写入数据发送缓冲器(SBUF)中便启动一次发送过程，该数据被封装成帧逐位送出到 TXD 上。接收时数据由 RXD 上被逐位接收到移位寄存器中，接收完一帧后自动送到数据接收缓冲器(SBUF)中，CPU 读取数据接收缓冲器(SBUF)完成一次串口接收过程。

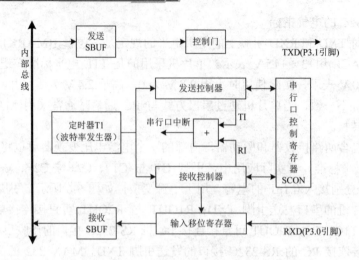

图 6-7　串行口内部结构图

6.3　串行通信接口的控制

用于单片机串行口通信的寄存器包括数据发送缓冲器(SBUF)和数据接收缓冲器(SBUF)、串行口控制寄存器(SCON)和电源管理寄存器(PCON)。

6.3.1　串行口控制寄存器

串行口控制寄存器(SCON)用于设定串口通信的工作方式、接收/发送控制以及串口工作状态指示。SCON 的字节地址为 0x98，可以进行位寻址，格式如表 6-2 所示。

表 6-2　串行口控制寄存器(SCON)

寄存器	D7	D6	D5	D4	D3	D2	D1	D0
SCON	SM0	SM1	SM2	REN	TB8	RB8	TI	RI

表 6-2 中各位的意义如下。

SM0、SM1：串行通信工作方式选择位。SM0 和 SM1 共 4 种组合方式，对应 4 种工作方式，如表 6-3 所示，其中 f_{osc} 为晶振频率。

表 6-3　串行通信的 4 种工作方式

SM0	SM1	工作方式	功　能	波特率
0	0	方式 0	8 位同步移位寄存器方式	$f_{osc}/12$
0	1	方式 1	8 位异步通信方式	可变
1	0	方式 2	9 位异步通信方式	$f_{osc}/32$ 或 $f_{osc}/64$
1	1	方式 3	9 位异步通信方式	可变

SM2：多机通信控制位，主要用于方式 2 和方式 3。当串行口在多机通信模式下接收

数据时，若设置 SM2=1 且接收到第 9 位 RB8 为 0 时，RI 位并不置 1，即不接收主机发来的数据；若 SM2=1 且 RB8 为 1 时，将接收到的 8 位数据送入 SBUF 中，并使 RI 位置 1，产生中断请求。当 SM2=0 时，不论接收的 RB8 是 0 还是 1，都将接收到的 8 位数据送入 SBUF 中，并使 RI 位置 1，产生中断请求。在方式 0 时，SM2 必须设置为 0；在方式 1 时，若 SM2=1，则只有接收到停止位为"1"后 RI 位才置 1，并申请中断。如果不是多机通信，一般将 SM2 设为 0。

REN：串行口接收允许控制位。当 REN=1 时，允许串行口接收数据；当 REN=0 时，禁止串行口接收数据。

TB8：在方式 2 和方式 3 下，该位为发送数据的第 9 位，根据需要由软件置 1 或清零，该位可用作奇偶校验位，还可以作为区别地址帧或数据帧的标志位，一般约定地址帧时该位为 1，数据帧时该位为 0。在方式 0 和方式 1 下，该位不使用。

RB8：在方式 2 和方式 3 下，该位为接收数据的第 9 位，可以作为奇偶校验位，或者用于区分接收的是数据帧还是地址帧。

TI：串行口发送中断标志位。在方式 0 下，发送完 8 位数据后由硬件置 1，并申请中断；在其他方式下，在停止位开始发送之前由硬件置 1，并申请中断。TI 必须用软件清零。

RI：串行口接收中断标志位。在方式 0 下，接收完 8 位数据后由硬件置 1；在其他方式下，在接收到停止位时由硬件置 1，必须用软件清零。

6.3.2　电源管理寄存器

电源管理寄存器(PCON)用来管理单片机的电源部分，包括上电复位检测、掉电模式、空闲模式等。PCON 中与串口通信有关的是最高位 D7，用于设置串行口波特率是否加倍，如表 6-4 所示。

表 6-4　电源管理寄存器(PCON)

寄存器	D7	D6	D5	D4	D3	D2	D1	D0
PCON	SMOD	—	—	—	—	—	—	—

当 SMOD=1 时，方式 1、2、3 的波特率加倍；当 SMOD=0 时，方式 1、2、3 的波特率不变。PCON 的字节地址为 0x87，不可以位寻址，单片机复位时 PCON 全部被清零。

6.3.3　串行口工作方式

1. 串行口工作方式 0

工作方式 0 为 8 位同步移位寄存器方式。在方式 0 下，波特率固定为 $f_{osc}/12$，以 8 位数据为一帧，不设起始位和停止位，数据传输时低位数据在前、高位数据在后，逐位通过 RXD 引脚输入或输出，同步时钟信号通过 TXD 引脚输出。

1)　方式 0 发送

CPU 将待发送的数据写入 SBUF 后，单片机自动将数据从 RXD 引脚输出，同步信号通过 TXD 引脚输出。发送数据完毕后，TI 位被硬件自动置 1。启动下一次发送前，TI 位必须通过软件清零。

2) 方式 0 接收

在 REN=1 和 RI=0 的前提下允许串行口输入。串行数据通过 RXD 引脚逐位接收，并被移入 SBUF 中，同步信号通过 TXD 引脚输出。当 8 位数据接收完毕后，RI 被硬件自动置 1，CPU 读取 SBUF 后必须通过软件将 RI 清零才可以进行下次接收。

2. 串行口工作方式 1

串行口工作方式 1 为 8 位异步通信方式，数据帧格式为 1 位起始位、8 位数据位、1 位停止位，共 10 位。TXD 引脚为数据发送引脚，RXD 引脚为数据接收引脚。波特率由定时器 T1 的溢出率决定。

1) 方式 1 发送

CPU 将待发送的数据写入 SBUF 后，单片机自动将数据位从 TXD 引脚输出。当数据发送完毕后，硬件自动使 TI 置 1。启动下一次发送前，TI 位必须软件清零。

2) 方式 1 接收

REN=1 时允许串口输入。数据位从 RXD 引脚输入，并被移入 SBUF 中，当一帧数据接收完毕后，硬件自动使 RI 置 1，CPU 读取 SBUF 后必须将 RI 软件清零才可以进行下次接收。

3. 串行口工作方式 2

串行口工作方式 2 为 9 位异步通信方式，数据帧格式为 1 位起始位、8 位数据位、1 位控制/校验位、1 位停止位，共 11 位。TXD 引脚为数据发送引脚，RXD 引脚为数据接收引脚。波特率为 $f_{osc}/32$ 或 $f_{osc}/64$。

1) 方式 2 发送

将要发送的数据写入 SBUF，并通过 SCON 中的 TB8 设置数据的奇偶校验。数据位从 TXD 引脚输出。当数据发送完毕后，硬件自动使 TI 置 1。启动下一次发送前，TI 位必须清零。

2) 方式 2 接收

方式 2 的接收过程与方式 1 类似，当 RI=0 且接收数据的第 9 位为 1，或者 RI=0 且 SM2=0 时，前 8 位数据被移入 SBUF 中，第 9 位数据被送入 SCON 的 RB8 位，硬件自动使 RI 置 1，CPU 读取 SBUF 后必须将 RI 清零才可以进行下次接收。

4. 串行口工作方式 3

串行口工作方式 3 的波特率可变，取决于定时器 T1 的溢出率，除此之外与方式 2 相同。

5. 方式 1 和方式 3 下波特率的设定

方式 1 和方式 3 下，波特率是可变的，由定时器 T1 的溢出率控制。定时器 T1 用作波特率发生器时，通常选择工作方式 2，即 8 位初值自动重装载方式，不仅使用方便，还可以减少因重装初值引起的定时误差。计算波特率的公式为：

$$波特率 = \frac{2^{SMOD}}{32} \times 定时器\ T1\ 的溢出率$$

定时器的溢出率是指单位时间内定时器溢出的次数，计算公式为：

$$定时器\ T1\ 的溢出率 = \frac{f_{osc}}{12 \times (256 - 初值)}$$

根据波特率的计算公式和定时器 T1 的溢出率公式，可得 T1 的初值为：

$$T1\ 的初值 = 256 - \frac{f_{osc} \times 2^{SMOD}}{12 \times 32 \times 波特率}$$

注意：在上述公式中，晶振频率 f_{osc} 应以 Hz 为单位。初值的计算可能会出现小数，取整数后会引起波特率设定偏差。当偏差大于 4%时很容易出现数据传输错误。常用的波特率与定时器 T1 的初值关系如表 6-5 所示，其中标 "—" 处是指无相应初值。

表 6-5　常用波特率下 T1 的初值

波特率/(bit/s)	晶振 11.059 2 MHz		晶振 12 MHz	
	SMOD=0	SMOD=1	SMOD=0	SMOD=1
19 200	—	0xFD	—	—
9 600	0xFD	0xFA	—	—
4 800	0xFA	0xF4	—	0xF3
2 400	0xF4	0xE8	0xF3	0xE6
1 200	0xE8	0xD0	0xE6	0xCC

6.4　串行通信接口的编程

在使用串口收发数据之前，需要对串口相关的特殊功能寄存器进行初始化设置，其内容包括以下两个方面。

1. 初始化

在使用串口之前，应对其进行初始化，步骤如下。

(1) 串口工作模式 SCON 设置。

串行通信编程.wmv

如表 6-2、表 6-3 所示，需要设置 SM0 和 SM1 选择串行口工作方式，多机通信时还需要设置 SM2。此外，如果需要串口接收数据，则必须设置 REN 为 1。

(2) 设置波特率。

对于方式 0，不需要设置波特率。

对于方式 2，可以通过设置 PCON 中的 SMOD 位选择波特率为 $f_{osc}/32$ 或 $f_{osc}/64$。

对于方式 1 和方式 3，波特率设置通过定时器 T1 的工作方式 2 实现。设置波特率时，需要设置 TMOD 寄存器，使定时器 T1 工作于方式 2，并需要根据波特率的值查表设置定时器 T1 的初值寄存器 TH1 和 TL1。另外，还需要设置 PCON 中的 SMOD 位，以决定波特率是否加倍。

(3) 如需中断，则开总中断和串行中断，并编写中断服务程序。

2. 奇偶校验

对于方式 2 和方式 3，需要有奇偶校验。

(1) 偶校验。当发送/接收的 8 个数据位中"1"的个数为偶数时，设置 TB8=0/RB8=0；为奇数时，设置 TB8=1/ RB8=1。

(2) 奇校验。发送/接收的 8 个数据位中"1"的个数为奇数时，设置 TB8=0/RB8=0；为偶数时，设置 TB8=1/ RB8=1。

用软件产生奇偶校验位是根据 51 系列单片机的状态寄存器 PSW 的定义：当累加器 ACC 中"1"的个数为奇数时，P=1；否则 P=0。因此，在校验之前需要先将数据送入累加器 ACC 计算 1 的个数，以决定 P 值，然后将 P 值装入 TB8 位，与数据一起发送出去供接收方校验。默认是偶校验，如果需要改成奇校验，则发送方需要将 P 值取反后再装入 TB8，在接收方校验时需将 RB8 中的值取反再与 P 值进行比较。

【例 6-1】 图 6-8 是单片机 8051 与 8 位并入串行接口芯片 74LS165 的接口电路。使用串行口工作方式 0，编程实现单片机从 74LS165 读取 8 位开关状态，并送 P1 口上的 8 个 LED 显示。

分析：根据接线，3 根线可实现 74LS165 串行数据的输入。单片机 P3.7 用来对 74LS165 的数据进行锁存，TXD 脚向 74LS165 输出移位脉冲，RXD 脚接收来自 74LS165 的串行数据。输入过程是首先由 P3.7 引脚输出低电平信号到 74LS165 的 SH/LD 端(引脚 1)，锁存 74LS165 由 B0～B7 端输入的 8 位数据，然后 P3.7 再输出高电平信号，向单片机传送串行数据，同时单片机 P3.7(TXD)送移位脉冲到 74LS165 的 CLK 端(第 2 脚)，使数据逐位从 P3.0(RXD)端送入单片机。在串行口接收到一帧数据后，中断标志 RI 自动置位申请中断。当单片机读出接收缓冲区 SBUF 中的数据后，如果继续接收数据，则需要在程序中设置语句将 RI 清零。

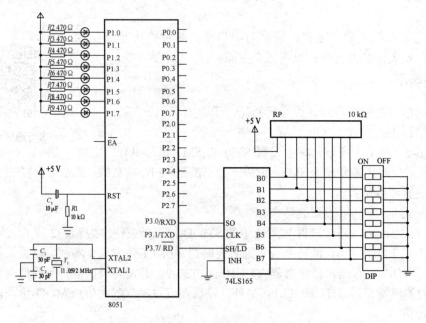

图 6-8　使用 74LS165 扩展并行输入口

示例程序如下：

```c
#include<reg51.h>
sbit  P37=P3^7;
int main(void)
{
    EA=1;                //开总中断
    ES=1;                //开串行中断
    SCON=0x10;           //设置串口工作于方式 0，允许接收数据
    while(1)
    {
        P37=0;           //锁存数据
        P37=1;           //允许传送数据
        REN=1;           //允许接收
        while(REN);      //等待传送完成
    }
}
    void Recive() interrupt 4   //串行中断程序
    {
        REN=0;           //禁止接收数据
        P1=SBUF;         //显示数据
        RI=0;            //允许再次中断
    }
```

【例 6-2】　图 6-9 是单片机与 8 位串入并出接口芯片 74LS164 的接口电路。使用串行口工作方式 0，编程实现单片机发送串行数据到 74LS165 控制 8 个 LED 进行流水灯显示。

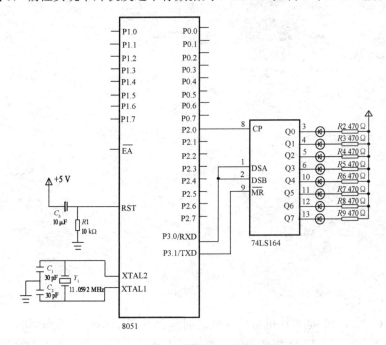

图 6-9　使用 74LS164 扩展并行输出口

分析：单片机和 74LS164 接口电路与【例 6-1】相似，用 3 根线可实现 74LS164 串行

数据的输出。单片机 P2.0 用来对 74LS164 清零，TXD 脚向 74LS164 输出移位脉冲，RXD 脚向 74LS164 输出串行数据。输出过程是首先由 P2.0 引脚输出低电平信号到 74LS164 引脚 9，对其清零，然后 P2.0 再输出高电平信号结束清零并准备输出数据，同时单片机 TXD 端送移位脉冲到 74LS164 的第 8 脚，使数据逐位从单片机 RXD 端经 74LS164 第 1 脚送入 74LS164。在串行口接收到一帧数据后，中断标志 TI 自动置位申请中断。如果需要继续发送数据，则软件将 TI 清零。

示例程序如下：

```c
#include<reg51.h>
unsigned char code Tab[]={0xFE,0xFD,0xFB,0xF7,0xEF,0xDF,0xBF,0x7F};//流水
灯码
sbit P20=P2^0;

void delay(void)
{
  unsigned char m,n;
    for(m=0;m<200;m++)
     for(n=0;n<200;n++);
}

void Sendchar(unsigned char dat)      //发送字节函数
{
 unsigned char i=10;
 P20=0;              //对 74LS164 清零
 while(i--);         //延时,保证清零完成
 P20=1;              //结束清零
 SBUF=dat;           //将字节写入发送缓冲器发送
 while(!TI);         //等待发送完成
 TI=0;               //将 TI 复位
}
void main(void)
  {
  unsigned char i;
  SCON=0x00;         //串行口工作于方式 0
   while(1)
   {
      for(i=0;i<8;i++)
      {
        Sendchar(Tab[i]); //发送数据
         delay();           //延时
      }
   }
}
```

【例 6-3】 图 6-10 是单片机与单片机之间基于方式 1 串行单工通信的接口电路。使用单片机 U1 通过串行口 TXD 将数码管字型码以方式 1 发送至单片机 U2 的 RXD，U2 根据字型码控制 P0 口的数码管循环显示数字 0～9。

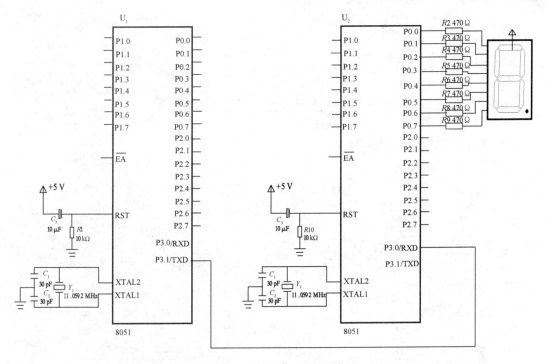

图 6-10 两单片机之间通过串行单工通信接口电路图

分析：本例需要针对两个单片机分别编写程序。U1 程序实现数据发送，U2 程序实现数据接收。两个程序都需要用定时器 T1 的工作方式 2 设置波特率。

(1) 单片机 U1 数据发送程序。

示例程序如下：

```
#include<reg51.h>          //包含单片机寄存器的头文件
unsigned char led[]={0xC0,0xF9,0xA4,0xB0,0x99,0x92,0x82,0xF8,0x80,0x90};  //字型码
void Sendchar(unsigned char dat)    //发送数据函数
{
  SBUF=dat;
  while(!TI);
   TI=0;
}

int main(void)
{
  unsigned char i;
  int n=10000;
  TMOD=0x20;    //TMOD=00100000B，定时器 T1 工作于方式 2
  SCON=0x40;    //SCON=01000000B，串口工作方式 1
  PCON=0x00;    //TMOD=0，波特率不加倍
  TH1=0xfd;     //T1 赋初值，波特率 9 600 bit/s
  TL1=0xfd;     //T1 赋初值
  TR1=1;        //启动定时器 T1
  while(1)
   {
```

```
    for(i=0;i<10;i++)    //
    {
        Sendchar(led[i]);        //发送数据
        for(n=0;n<30000;n++);    //延时一段时间再发送
    }
}
}
```

(2) 单片机 U2 数据接收程序。

示例程序如下：

```
#include<reg51.h>          //包含单片机寄存器的头文件
 unsigned char Receive(void)
{
 unsigned char dat;
 while(!RI);       //等待接收完毕
 RI=0;            //将 RI 复位，使数据有效
 dat=SBUF;
 return dat;
}

void main(void)
{
  TMOD=0x20;     //定时器 T1 工作于方式 2
  SCON=0x50;     //SCON=01010000B，串口工作方式 1，允许接收(REN=1)
  PCON=0x00;     //SMOD=0，波特率不加倍
  TH1=0xfd;      //T1 赋初值
  TL1=0xfd;      //T1 赋初值
  TR1=1;         //启动定时器 T1
  REN=1;         //允许接收
  while(1)
  {
      P0=Receive();    //数据显示
  }
}
```

【例 6-4】 同图 6-10，编程实现用单片机 U1 通过串行口 TXD 将数码管字型码以方式 3 发送至单片机 U2 的 RXD，U2 根据字型码控制 P0 口的数码管循环显示数字 0~9。

分析：基于方式 3 的通信方式与方式 1 相似，但因方式 3 有奇偶校验，通信更为可靠。在 U1 程序中，数据装入累加器(ACC)计算 P，然后将 P 值装入串行口控制寄存器(SCON)的 TB8，由串行口自动将校验位与需要发送的数据等组成每帧 11 位的数据发送。在 U2 程序中，接收到的数据装入累加器(ACC)计算 P，然后将 P 值与串行口控制寄存器(SCON)的 RB8 进行比较以进行奇偶校验。

(1) 单片机 U1 数据发送程序。

示例程序如下：

```
#include<reg51.h>    //包含单片机寄存器的头文件
unsigned char led[]={0xC0,0xF9,0xA4,0xB0,0x99,0x92,0x82,0xF8,0x80,0x90}; //字型码
void Send(unsigned char dat)    //发送数据函数
```

```
{
    ACC=dat;        //数据装入累加器计算 P 值, 奇数时 P 为 1, 偶数时 P 为 0
    TB8=P;          //P 值装入校验位 TB8
     SBUF=dat;      //数据发送, 串口自动将校验位装入
     while(!TI);
     TI=0;
}

int main(void)
{
    unsigned char i;
    int n=10000;
    TMOD=0x20;      //TMOD=00100000B, 定时器 T1 工作于方式 2
    SCON=0xc0;      //SCON=11000000B, 串口工作方式 3
    PCON=0x00;      //TMOD=0, 波特率不加倍
    TH1=0xfd;       //T1 赋初值, 波特率 9600bit/s
    TL1=0xfd;       //T1 赋初值
    TR1=1;          //启动定时器 T1
    while(1)
    {
        for(i=0;i<10;i++)   //
        {
            Send(led[i]);//发送数据
            for(n=0;n<30000;n++);//延时一段时间再发送
        }
    }
}
```

(2) 单片机 U2 数据接收程序。

示例程序如下:

```
#include<reg51.h>           //包含单片机寄存器的头文件
 unsigned char Receive(void)
{
  unsigned char dat;
  while(!RI);        //等待接收完毕
  RI=0;              //将 RI 复位, 使数据有效
   ACC=SBUF;         //数据送累加器计算 P 值, 奇数时 P 为 1, 偶数时 P 为 0
     if(RB8==P)      //校验, 奇偶个数与发送的相同, 则数据有效
      {
        dat=ACC;
         return dat;
      }
       else
         return 0xFF;
}

void main(void)
{
    TMOD=0x20;        //定时器 T1 工作于方式 2
    SCON=0xd0;        //SCON=11010000B, 串口工作方式 3, 允许接收(REN=1)
```

```
PCON=0x00;        //SMOD=0, 波特率不加倍
TH1=0xfd;         //T1 赋初值
TL1=0xfd;         //T1 赋初值
TR1=1;            //启动定时器 T1
while(1)
{
    P0=Receive();    //数据显示
}
}
```

【例 6-5】 编写控制程序，实现单片机和 PC 串口通信，分别采用查询方式和中断方式接收 PC 发送的字符，并且将该字符再发送回去。

分析：为实现单片机和 PC 串口通信需要借助于"串口调试助手"(该软件可从网上下载)，可设定串口号、波特率等参数。8051 与 PC 串口通信电路如图 6-11 所示。

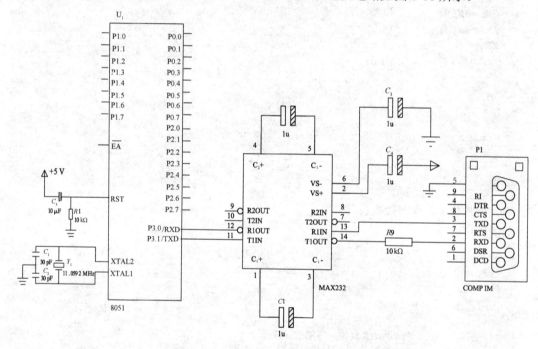

图 6-11 8051 与 PC 串口通信接口电路图

(1) 查询方式。通过不断查询 RI 和 TI 的标志，直到它们由 0 变 1，才能继续后面的操作。

示例程序如下：

```
#include<reg51.h>
#define BAUDRATE 9600        //定义波特率为 9 600 bit/s
#define SYSCLK 11059200      //系统时钟频率
int main(void)
{
    unsigned char temp;
    TMOD=0X20;               //启用定时器 1:8 位自动重装载方式
    PCON=0;                  //设置 PCON 寄存器中的 SMOD=0, 即波特率不加倍
```

```
    TL1 = TH1 = 256 - SYSCLK /BAUDRATE /32/12;
    SCON=0X50;                //设置串口工作于方式 1,并允许接收
    TR1=1;                    //启动定时器 1 工作
    do
    {
        while(!RI);           //等待串口接收数据完毕
       RI=0;                  //RI 清零,为下次接收做准备
       temp=SBUF;             //将串口数据接收到变量 temp 中
       SBUF=temp;             //启动一次串口数据发送
       while(!TI);            //等待数据发送完毕
       TI=0;                  //TI 清零,为下次发送做准备
    } while(1);
}
```

(2) 中断方式。发送字符完毕或接收字符完毕都会触发串行口中断,在中断函数中辨别中断类型(接收中断或发送中断)再做相应处理。

示例程序如下:

```
#include<reg51.h>
#define BAUDRATE 9600
#define SYSCLK 11059200
int main(void)
{
    TMOD=0X20;         //启用定时器 1:8 位自动重装载方式
    PCON=0;            //设置 PCON 寄存器中的 SMOD=0,即波特率不加倍
    TL1 = TH1 = 256 - SYSCLK /BAUDRATE/32/12;
    SCON=0X50;
    TR1=1;             //启动定时器 1 工作
    EA=1;
    ES=1;              //开放串行口中断
    while(1);
}
void Serial( ) interrupt 4
{
    unsigned char temp;
    if(RI)             //接收中断处理
    {
       RI=0;
       temp=SBUF;
       SBUF=temp;
    }
    if(TI) TI=0;       //发送中断处理
}
```

【例 6-6】 单片机和 PC 串口通信,电路图见图 6-11。PC 端通过串行口调试助手向单片机发送一个字符串,该字符串以"#"开头,共有 6 个字符,单片机再判断接收到"#"后面的字符是否都为数字,如果是则返回"right";否则返回"wrong"。

示例程序如下:

```
#include<reg51.h>
#define BAUDRATE 9600         //定义波特率为 9600 bit/s
```

```c
#define SYSCLK 11059200        //系统时钟频率
unsigned char sendbuf1[]="right";
unsigned char sendbuf2[]="wrong";
unsigned char receivebuf[5];
int main(void)
{
    unsigned char temp,i;
    bit flag;
    TMOD=0X20;                      //启用定时器 1：8 位自动重装载方式
    PCON=0;                         //设置 PCON 寄存器中的 SMOD=0，即波特率不加倍
    TL1 = TH1 = 256 - SYSCLK /BAUDRATE / 32 / 12;
    SCON=0X50;                      //设置串口工作于方式 1，并允许接收
    TR1=1;                          //启动定时器 1 工作
    while(1)
    {
        while(!RI);             //等待串口接收数据完毕
        RI=0;                   //RI 清零，为下次接收做准备
        temp=SBUF;              //将串口数据接收到变量 temp 中
        if(temp=='#')           //如果接收到'#'，则接收后面的 5 个字符
        {
            flag=1;
            for(i=0;i<5;i++)
            {
                while(!RI);
                RI=0;
                receivebuf[i]=SBUF;
                if( (receivebuf[i]<'0') || (receivebuf[i]>'9') )
                {
                    flag=0; //若接收的字符不是数字，则 flag=0
                    break;
                }
            }
            if( flag )
                for(i=0;i<5;i++)     //发送"right"
                {
                    SBUF=sendbuf1[i];
                    while(!TI);
                    TI=0;
                }

            else
                for(i=0;i<5;i++)     //发送"wrong"
                {
                    SBUF=sendbuf2[i];
                    while(!TI);
                    TI=0;
                }
        }
    }
}
```

本 章 小 结

计算机与外界通信大致分为串行通信和并行通信两类。根据数据的传送方向，串行通信又可分为单工、半双工和全双工三类。异步串行通信中，波特率是串行通信的重要指标，波特率越高，串口数据传输速度越快。由于 8051 单片机采用 TTL 电平逻辑，与 RS-232C 的串口通信标准所采取的电气标准不一致，因此当单片机通过串口方式与 PC 通信时，必须对两种电平进行转换，实现这种转换的最常用方法是采用 MAX3232 等专用芯片。

8051 单片机具有一个全双工的异步串行通信接口，其特殊功能寄存器包括数据发送缓冲器(SBUF)和数据接收缓冲器(SBUF)、串行口控制寄存器(SCON)和电源管理寄存器(PCON)。通过配置 SCON 实现串行口的工作方式选择；通过配置 PCON 可以选择波特率是否加倍。CPU 通过将待发送的数据写入发送 SBUF 中便启动一次发送过程，之后该数据以串行方式被逐位送到 TXD 引脚上。接收的数据以串行方式从接收引脚 RXD 逐位接入数据移位寄存器中，一帧接收完毕后再被自动送入接收 SBUF 中，CPU 读取接收 SBUF，便完成一次串口接收过程。编写串行口通信应用程序时，可以选择查询方式，也可以选择中断方式。

思考与练习

1. 并行数据通信与串行数据通信各有什么特点，分别适用于什么场合？
2. 简述同步通信和异步通信的概念，并加以比较。
3. 串行异步通信的数据帧格式是怎样的？
4. 简述单工、半双工和全双工的区别。
5. 简述 8051 单片机的串行口结构。
6. 简述 8051 单片机串行口的 4 种工作方式，并比较其特点。
7. 简述 8051 单片机在串行口方式 1 和方式 3 下波特率的设置过程。
8. 若 8051 的串行口工作在方式 3，f_{osc}=11.059 2 MHz，计算出波特率为 9 600 时 T1 的定时初值。
9. 设置 8051 的串行口工作方式 3，通信波特率为 2 400，第 9 位数据用作奇偶校验位。在这种情况下，如何编写双工通信程序？设数据交换采用中断方式，写出有关的程序。
10. 编写以下控制程序：8051 单片机的 P2 口接入 8 个发光二极管，要求通过串口接收 PC 发送的命令，如果 PC 发送的是 "A"，则控制流水灯向左流水；如果 PC 发送的是 "B"，则控制流水灯向右流水。

第 7 章　MCS-51 系统扩展

学习目标

- 了解：常用接口芯片的基本原理和结构。
- 理解：单片机资源扩展的基本原理。
- 应用：能够进行单片机资源扩展的基本电路设计和程序设计。

存储器扩展.wmv

本章主要介绍单片机利用并行接口芯片进行资源扩展知识，包括存储器扩展、输入/输出端口扩展、可编程并行接口 8255 的原理与编程控制。

8051 单片机有 P0~P3 四个并行接口，简称并口。并口是指数据的各位同时进行传送，其特点是传输速度快；但需要较多数据线，结构较复杂。本章介绍并口的接口技术。

7.1　总线结构

单片机通过并口与外设连接的典型结构是总线结构，如图 7-1 所示。采用这种总线结构，系统中各部件挂在总线上，分时利用总线与 CPU 通信。当选中某部件时，可与该部件通信，而其他部件与总线间处于"高阻态"，相当于与总线断开。

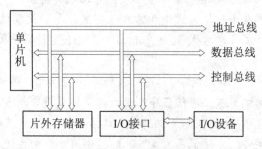

图 7-1　单片机扩展结构

总线结构包括地址总线、数据总线和控制总线。三总线构造方法如下。

(1) 以 P0 口线做数据总线/低位地址总线。P0 口线电路中的多路转换电路及地址/数据控制线的设计，可使该口线通过分时复用技术既可做地址总线使用，又可做数据总线使用。分时复用是指通过增加一个 8 位地址锁存器，先由 P0 口线做地址总线把欲读写数据的低 8 位地址送锁存器，由锁存器提供给系统，然后再将 P0 口线做数据总线读写数据，从而实现地址总线的低 8 位地址信号和数据总线共用 P0 口线而不产生冲突。

(2) 以 P2 口线做高位地址总线。由 P0 口经锁存器提供低 8 位地址，并由 P2 口提供高位地址线，形成完整地址总线。由于 P2 口线最多可提供 8 位高位地址，加上 P0 口线提供的低 8 位地址，最多可提供 16 位地址，可使单片机系统的寻址范围最大达到 64KB。

(3) 采用功能引脚形成控制总线。由 $\overline{RD}$ (P3.6 引脚)和 $\overline{WR}$ (P3.7 引脚)作为读写选通信号线；由 ALE 作为地址锁存信号线，以配合 P0 口实现分时复用；以 $\overline{PSEN}$ 作为片外程序存储器读选通信号线；以 $\overline{EA}$ 作为片内和片外程序存储器的选择信号线。

7.2　存储器扩展接口

存储器分为程序存储器(ROM)和数据存储器(RAM)。程序存储器掉电后数据不丢失，第一代是不可擦除存储器，最初是只读掩膜 ROM，后来发展到可编程的 PROM，这两种存储器在出厂时程序已固化到单片机中，内容不能修改；第二代是可擦除存储器，首先是可用紫外线擦除的 EPROM，这种 EPROM 芯片上有一个玻璃窗口，在紫外线照射下，存储器中的各位信息均变为 1，即处于擦除状态，擦除干净的 EPROM 可以通过编程器将应用程序固化到芯片中。后来发展到可用电信号擦除的 E^2PROM，这种存储器可用编程器实现擦除，比紫外线擦除使用更方便；第三代是 Flash ROM，可电擦除，成本低，速度很快，能够实现在系统编程(ISP)，即可在 PC 上完成应用程序的编辑和编译，然后实现目标程序的串行下载到单片机中运行。SST 公司推出的 SST89 系列单片机采用 SuperFlash 存储器技术，可进行高速读写，不但可实现在线编程(ISP)，而且可实现应用编程(IAP)功能。

存储器中所包含存储单元的数量称为存储容量，其计量基本单位是 B，8 个二进制位称为 1B，此外还有 KB、MB、GB、TB 等，它们之间的换算关系是 1B＝8bit，1KB=1024B，1MB=1024KB，1GB=1024MB，1TB=1024GB。目前，单片机芯片的内部存储容量越来越大，一般可根据程序的规模选用具有足够存储容量的单片机，或者采用串口存储芯片，而较少采用并口存储器的扩展，但并口存储器的扩展对于理解和掌握单片机系统设计知识有较大帮助。本节简要介绍单片机的存储器扩展。

单片机存储器扩展包括外部程序存储器扩展和外部数据存储器扩展。程序存储器和数据存储器的访问虽然通过相同的数据总线和地址总线实现，但由不同的控制总线控制，因此允许两者地址空间重叠而不会产生冲突，可扩展的最大容量均为 64KB。当采用单个存储器芯片扩展时，只需将存储器地址线与单片机地址总线按顺序直接相连即可，但当采用多个存储器芯片扩展时，还涉及芯片选择即"片选"问题。存储器片选有线选法和译码法。

(1) 线选法。单片机系统的地址线与存储芯片的地址线从低到高依次相接后，用剩余的高位地址线直接与芯片片选引脚相连作为片选信号。线选法连线简单，但地址空间不连续，适用于扩展容量较小且芯片数目较少的情况。

(2) 译码法。单片机系统的地址线与存储芯片的地址线相接后，剩余的高位地址线与译码器相连，以译码器的输出作为芯片的片选信号。译码法能有效利用存储空间且地址连续，适用于多芯片下的扩展。常用译码器芯片有 74LS138 等。

1. 程序存储器扩展接口

扩展程序存储器常用芯片有 2816(2K×8)、2864(8K×8)、W27C512 等。在选择程序存储器芯片时尽量选用容量大的芯片，以减少芯片使用个数，避免同时扩展多个存储器芯片，使得电路结构简单，提高可靠性。

图 7-2 是 8051 单片机与扩展片外程序存储器 ROM 的原理图。

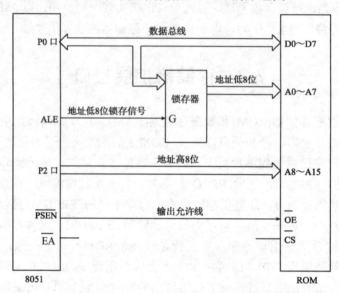

图 7-2　8051 单片机与扩展片外程序存储器原理图

在图 7-2 中，各连线介绍如下。

(1) 地址线。单片机扩展片外存储器时，地址是由 P0 和 P2 口提供的。在图 7-2 中，ROM 的地址线(A0～A15)中，低 8 位 A0～A7 通过锁存器 74LS373 与 P0 口连接，高 8 位 A8～A15 直接与 P2 口的 P2.0～P2.7 连接，P2 口本身有锁存功能。

(2) 数据线。片外 ROM 的 8 位数据线直接与单片机的 P0 口相连。P0 口是一个分时复用的地址线/数据线。

(3) 控制线。CPU 执行 ROM 中存放的程序指令时，取指阶段就是对 ROM 进行读操作。读操作控制线有以下几条。

ALE：地址锁存信号。单片机的 ALE 管脚与锁存器的锁存使能端 G 相连，用于单片机从片外 ROM 在读指令时给出低 8 位地址的锁存信号。

$\overline{\text{CS}}$：片选信号，低电平有效。如果系统中只扩展了一片程序存储器芯片，可将该片选端直接接地，使该芯片一直有效。若同时扩展多片，需通过线选法或译码法来完成片选工作。

$\overline{\text{PSEN}}$：单片机访问外部存储器的读选通信号，即外部存储器的片选信号，接外部存储器的输出允许端 $\overline{\text{OE}}$，低电平有效。在由外部存储器取指令(或数据)期间，单片机每个机器周期 $\overline{\text{PSEN}}$ 可两次有效。

$\overline{\text{EA}}$：片外程序存储器的选用控制信号。当 $\overline{\text{EA}}$ 引脚接高电平时，CPU 只访问单片机内部的程序存储器并执行内部程序存储器中的指令，但当程序存储量超过内部程序存储的最大容量时，将自动转去执行单片机外部程序存储器内的程序。当输入信号 $\overline{EA}$ 引脚接低电平(接地)时，CPU 只访问外部程序存储器并执行外部程序存储器中的指令。

在执行片外 ROM 读指令时，单片机自动进行的操作时序如下。

(1)　由 PO 口和 P2 口给出 16 位地址，然后 ALE 出现下降沿将 P0 口的低 8 位地址锁存，改由锁存器 74LS373 提供。

(2)　$\overline{PSEN}$ 出现低电平使片外 ROM 有效，并根据锁存器 74LS373 和 P2 口提供的地址取出指令并送 P0 口输出，由 P0 口读入单片机执行。

在上述过程中，数据存储器读写信号端 $\overline{WR}$ 和 $\overline{RD}$ 一直处于高电平状态，使数据存储器与总线隔离。

在图 7-3 中扩展了一片 64K 程序存储器芯片 W27C512(64K×8)。将 W27C512 的 $\overline{CE}$接地使其一直选通，$\overline{OE}$ 接 $\overline{PSEN}$ 控制。由于 8051 单片机内部 ROM 仅有 4K，为编程简单起见，在扩展片外 ROM 时一般将 $\overline{EA}$ 接地只用片外 ROM。用编程器将程序直接烧写到W27C512 中，当执行时单片机将自动完成从存储器中读出程序的操作。

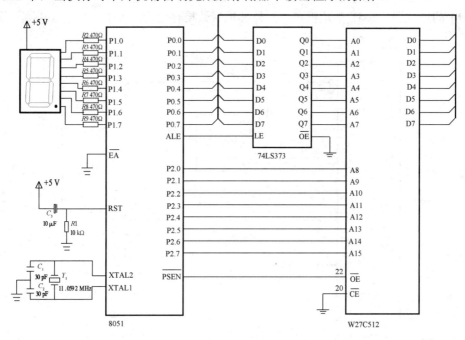

图 7-3　单片机与程序存储器 W27C512 的连线图

【例 7-1】　根据图 7-3 所示电路编写程序用数码管显示 0～9 共 10 个数字循环显示。
程序清单如下：

```c
#include <reg51.h>
unsigned char led[]={0xC0,0xF9,0xA4,0xB0,0x99,0x92,0x82,0xF8,0x80,0x90}; //字型码

void delay()      //延时函数
{
    int i,j;
    for(i=0;i<3000;i++)
        for(j=0;j<5;j++);
```

```
}
int main(void)
{
    unsigned char i;
    while(1)
    {
        for(i=0;i<10;i++)      //循环显示 10 个数字
        {
            P1=led[i];
            delay();            //延时一段时间
        }
    }
}
```

2. 数据存储器扩展接口

数据存储器的扩展与程序存储器的扩展相似。图 7-4 是 8051 单片机扩展片外数据存储器 RAM 的原理图。8051 单片机在访问外部扩展数据存储器 RAM 时，主要用到以下 3 个控制信号。

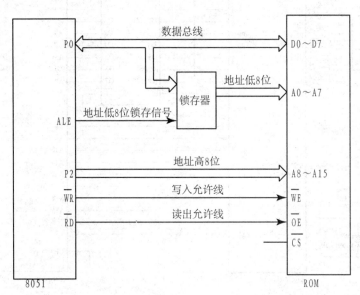

图 7-4　8051 单片机扩展片外数据存储器原理图

(1) ALE：低 8 位地址锁存控制信号，通常接地址锁存器的 LE 引脚。

(2) $\overline{\text{WR}}$ (P3.6 引脚)：外部数据存储器写控制信号，低电平有效，通常接数据存储器的 $\overline{\text{WR}}$ 引脚。

(3) $\overline{\text{RD}}$ (P3.7 引脚)：外部数据存储器读控制信号，低电平有效，通常接数据存储器的 $\overline{\text{RD}}$ 引脚。

在执行片外 RAM 读写指令时，单片机自动进行的操作时序与读 ROM 相似。

(1) 由 P0 口和 P2 口给出 16 位地址，然后 ALE 出现下降沿将 P0 口的低 8 位地址锁存，改由锁存器 74LS373 提供。

(2)　在读数据时 $\overline{\text{RD}}$ 出现低电平，$\overline{\text{WR}}$ 保持高电平，使读片外 RAM 有效，并根据锁存器 74LS373 和 P2 口提供的地址取出数据并送 P0 口输出，由 P0 口读入单片机。

(3)　在写数据时，首先将数据加载到 P0 口线上，然后 $\overline{\text{RD}}$ 引脚保持高电平，$\overline{\text{WR}}$ 引脚出现低电平，使写片外 RAM 有效，并根据锁存器 74LS373 和 P2 口提供的地址将 P0 口线上的数据写入片外 RAM。

图 7-5 是 8051 扩展一片数据存储器 6264 的接口电路。单片机采用线选法外部扩展了一片数据存储器 6264。6264 的 CS(26 脚)和 $\overline{\text{RD}}$ CE(20 脚)都是片选信号，CS 高电平有效，$\overline{\text{CE}}$ 低电平有效。将 CS 接高电平，$\overline{\text{CE}}$ 接高位地址线 P2.7，用线选法实现选通控制。$\overline{\text{WE}}$ 是写允许信号，接单片机 $\overline{\text{WR}}$ 信号线，OE 是读允许信号，接单片机 $\overline{\text{RD}}$ 信号线。由于地址最高位(P2.7)必须为低电平才能选中芯片，又由于有 A14 与 A13 两根地址线空闲，所以该片 6264 的地址有 4 个不同的地址空间对应相同的物理存储空间。

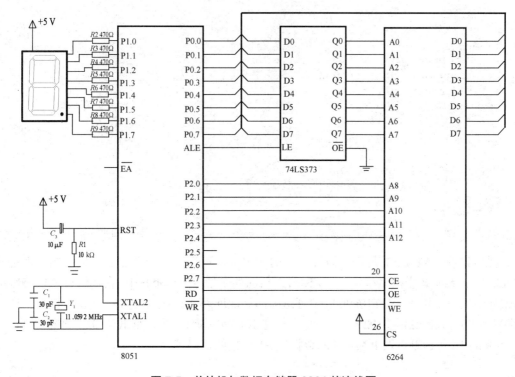

图 7-5　单片机与数据存储器 6264 的连线图

当 A14、A13=00 时，芯片地址空间为 0000000000000000~0001111111111111，即 0x0000~0x1FFF。

当 A14、A13=01 时，芯片地址空间为 0010000000000000~0011111111111111，即 0x2000~0x3FFF。

当 A14、A13=10 时，芯片地址空间为 0100000000000000~0101111111111111，即 0x4000~0x5FFF。

当 A14、A13=11 时，芯片地址空间为 0110000000000000~0111111111111111，即 0x6000~0x7FFF。

【例 7-2】 根据图 7-5 编写程序将数码管显示 0~9 共 10 个数字的字型码存储到 6264 中，然后从 6264 中循环读出字型码并送数码管显示。

示例程序如下：

```c
#include <reg51.h>
#include  <absacc.h>
unsigned char
led[]={0xC0,0xF9,0xA4,0xB0,0x99,0x92,0x82,0xF8,0x80,0x90};//字型码

void delay()//延时函数
{
    int i,j;
     for(i=0;i<30000;i++)
         for(j=0;j<5;j++);
}
int main(void)
{
    unsigned char i;
     for(i=0;i<10;i++)//存储 10 个数字字型码
     XBYTE[0x0000+i]=led[i];
     while(1)
     {
         for(i=0;i<10;i++)//循环显示 10 个数字
         {
             P1=XBYTE[0x0000+i];
             delay();//延时一段时间
         }
     }
}
```

程序说明： XBYTE 是一个地址指针的宏定义，可当成一个数组名或数组的首地址，它在文件 absacc.h 中由系统定义。XBYTE 后面的中括号[0x0000+i]是指数组首地址 0000H 的偏移地址，即用 XBYTE[0x0000+i]可访问偏移地址为 0x0000+i 的 I/O 端口。例如，语句 P1=XBYTE [0x1002]中，P2 口对应地址高位 10，P0 口对应于地址低位 02，即根据 P0 和 P2 组成的 16 位地址读取 RAM 中的数据送 P1 外接的数码管显示。

7.3 简单并口扩展接口

并口在输入数据时可以缓冲，在输出数据时能够锁存，所以这些端口可以直接连接键盘、数码管等简单外部设备，但通常可供使用的端口有限，当连接的外部设备较多时，必须扩展 I/O 端口，使多个设备可共用一个 I/O 端口与单片机通信。I/O 端口扩展要解决的主要问题是如何使单片机只与选通的 I/O 设备进行通信，而使未选通的设备与端口隔离。I/O 端口扩展可分为简单 I/O 端口扩展和可编程 I/O 端口扩展。本节主要介绍通过数据缓冲器、锁存器实现简单 I/O 端口扩展。

简单输入扩展主要采用三态数据缓冲器实现，目的是使被选通的输入设备能独占数据

总线向单片机输入数据，而未被选通的设备能与数据总线之间呈现高阻抗状态，即实现与数据总线隔离。常用的三态数据缓冲器芯片有 74LS244、74LS245 等。

简单输出扩展主要采用三态数据锁存器实现，目的是使单片机能通过数据总线向被选通的输出设备输出数据，而未被选通的设备与数据总线隔离。常用的三态数据锁存器芯片有 74LS373、74LS273、74LS573 等。

图 7-6 是利用 73LS373 和 74LS245 实现的简单 I/O 扩展，其中利用 74LS373 扩展 8 位并行输出口，利用 74LS245 扩展 8 位并行输入口。74LS373 的 $\overline{OE}$ 引脚直接接地，数据输入可以直通数据输出。74LS245 是双向数据缓冲器，当传输方向控制端 AB/BA 为低电平时，B 端的数据会被直接输出到 A 端上。

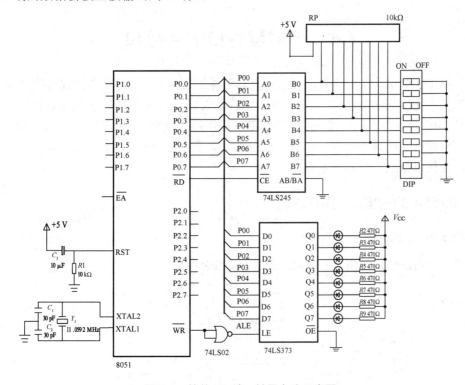

图 7-6　简单 I/O 端口扩展电路示意图

单片机的写信号 $\overline{WR}$ 通过或非门后与 73LS373 的门控信号 LE 相连，当单片机执行满足片外数据存储器写操作后，会使 $\overline{WR}$ 出现有效的低电平，使 73LS373 的门控信号 LE 有效，数据总线上的数据便会被送到 73LS373 的输出端，从而可以控制发光二极管的亮灭。单片机的读信号 $\overline{RD}$ 与 74LS245 的片选信号 $\overline{CE}$，当单片机执行片外数据存储器读取操作后，会使 $\overline{RD}$ 出现有效的低电平，此时 74LS244 的片选信号 $\overline{CE}$ 有效，74LS245 的 B 端数据会被送到数据总线上，被单片机读取。

【例 7-3】　如图 7-6 所示，8051 单片机使用 74LS373 和 74LS245 扩展 I/O 端口，分别连接发光二极管和拨码开关，要求编写控制程序，通过开关的拨动控制发光二极管的亮灭。

按照图 7-5 所示的接线，示例程序如下：

```
#include <reg51.h>
#include <absacc.h>
int main(void)
{
    unsigned char temp;
    while(1)
    {
        temp= XBYTE[0xFFFF];    //读开关数据
        XBYTE[0xFFFF]=temp;     //控制发光二极管
    }
}
```

7.4 可编程并口扩展接口

在简单 I/O 扩展中，一个缓冲器或锁存器只能扩展 8 位，当扩展的位较多时，就需要用多个芯片，而且芯片功能单一，不利于单片机灵活地改变扩展方法来满足实际需要。8255A 是 Intel 公司生产的可编程并行接口芯片，可通过软件编程确定或改变其工作方式，广泛用于单片机系统的 I/O 端口扩展。8255A 芯片在连接外围设备时，通常不需要附加外部电路，给使用带来了很大的方便。

7.4.1 8255A 的内部结构和引脚

1. 8255A 内部结构

8255A 的内部结构如图 7-7 所示，由以下几部分组成。

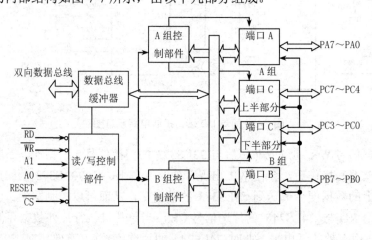

图 7-7 8255A 内部结构图

(1) 3 个 8 位的并行 I/O 端口 A、B 和 C。

每个端口都分别对应 1 个 8 位数据输入缓冲器和 1 个 8 位输出锁存器/缓冲器。所以，使用各端口输入或输出数据时，输入数据皆可缓冲，输出数据皆可锁存。此外，端口 C 又可分为独立的两部分，上半部分由 PC7~PC4 构成，下半部分由 PC3~PC0 构成。

(2) A 组控制部件和 B 组控制部件。

A、B、C 端口又可以分成 A 组和 B 组。A 口(PA7~PA0)和 C 口的上半部分(PC7~PC4)合称为 A 组；B 口(PB7~PB0)和 C 口的下半部分(PC3~PC0)合称为 B 组。A 组和 B 组这两组控制电路，一方面接收芯片内部总线上的控制字；另一方面接收来自读/写控制逻辑电路的读/写命令，由此来决定两组端口的工作方式和读/写操作。

(3) 数据总线缓冲器。

CPU 与 8255A 之间的数据信息、命令信息、状态信息都是通过可双向传输的 8 位三态位数据缓冲器来传递的。

(4) 读/写控制部件。

读/写控制部件负责管理控制 8255A 的数据传输过程，包括接收单片机的读写命令、地址信号等。将这些信号进行组合后，得到对 A、B 组控制部件的控制命令，以完成对数据、状态信息和控制信息的传输。

2. 8255A 引脚

图 7-8 所示为 8255A 芯片的引脚图，8255A 芯片采用 40 脚的 DIP 封装。除了电源和地以外，其他引脚可以分为两组。

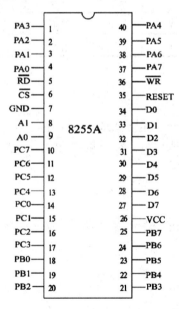

图 7-8　8255A 引脚图

(1) 和外设相连的引脚。

PA7～PA0：A 端口数据信号引脚。

PB7～PB0：B 端口数据信号引脚。

PC7～PC0：C 端口数据信号引脚。

(2) 和 CPU 相连的引脚。

RESET：复位信号，高电平有效。当该引脚为高电平时，所有内部寄存器都被清除，同时 A、B、C 这 3 个数据端口被自动设为输入端口。

D7~D0：8255A 的数据线，与系统数据总线相连。

$\overline{RD}$：读引脚，低电平有效。当该信号有效时，CPU 可以从 8255A 选中的端口读出数据，经系统数据总线送入 CPU。

$\overline{WR}$：写引脚，低电平有效。当该信号有效时，CPU 可以向 8255A 选中的端口中写入数据。

$\overline{CS}$：片选引脚，低电平有效。当该引脚有效时，可以选中并对该芯片进行操作。

A1、A0：端口选择信号，接系统地址总线。8255A 内部有 3 个数据端口和 1 个控制端口，共 4 个端口。A1、A0 不同组合时，对应选中不同端口，如表 7-1 所示。

表 7-1 8255A 端口寄存器选择控制表

$\overline{CS}$	A1	A0	$\overline{RD}$	$\overline{WR}$	I/O 操作
0	0	0	0	1	读 PA 口寄存器内容到数据总线
0	0	0	1	0	数据总线上的内容写入 PA 口寄存器
0	0	1	0	1	读 PB 口寄存器内容到数据总线
0	0	1	1	0	数据总线上的内容写入 PB 口寄存器
0	1	0	0	1	读 PC 口寄存器内容到数据总线
0	1	0	1	0	数据总线上的内容写入 PC 口寄存器
0	1	1	1	0	数据总线上的内容写入控制口寄存器

7.4.2 8255A 的控制

8255A 共有两个控制字，一个是方式选择控制字，另一个是 C 端口的置位/复位控制字，这两个控制字通过第 7 位来区分。如果第 7 位为 1，则该控制字是方式选择控制字；否则是 C 端口的置位/复位控制字。

1. 方式选择控制字

方式选择控制字用于设定 8255A 各端口的工作方式，具体格式如图 7-9 所示。

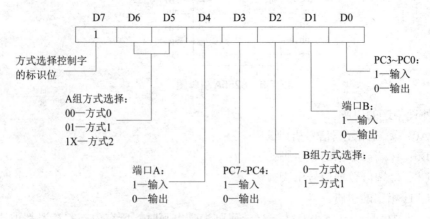

图 7-9 8255A 的方式选择控制字

2. C 端口按位置 1/清 0 控制字

C 端口按位置 1/清 0 控制字可以对 C 端口中的任何一位进行置位/复位，具体格式如图 7-10 所示。

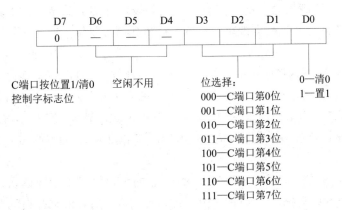

图 7-10　8255A 的 C 端口按位置 1/清 0 控制字

7.4.3　8255A 的工作方式

8255A 共有 3 种工作方式，分别介绍如下。

(1) 方式 0——基本输入/输出工作方式。

方式 0 的工作特点是各端口相互独立，每个端口既可以设置为输入口，也可以设置为输出口，端口与外设之间没有联络线，端口没有中断功能，也不提供状态信息。此种方式适用于不需要联络信号的无条件传送方式，单片机可随时读入外部设备的状态，也可以随时向外部设备传输数据。

(2) 方式 1——选通型输入/输出方式。

在此种方式下，单片机与外设之间需要联络信号才能进行通信。只有端口 A、B 可以工作在方式 1，而端口 C 作为联络线，端口提供状态信息供 CPU 查询，而且端口也有中断功能，因此 CPU 与端口的数据交换可以采用查询方式或者中断方式。方式 1 下输入和输出端口的信号定义如表 7-2 所示。

表 7-2　方式 1 下 8255 联络信号

C 口	输　入	输　出
PC0	INTR_B	INTR_B
PC1	IBF_B	$\overline{OBF}$_B
PC2	$\overline{STB}$_B	$\overline{ACK}$_B
PC3	INTR_A	INTR_A
PC4	$\overline{STB}$_A	
PC5	IBF_A	
PC6		$\overline{ACK}$_A
PC7		$\overline{OBF}$_A

① 方式 1 下输入端口的信号定义。

$\overline{STB}$：选通信号，低电平有效。当外设准备好数据要求 8255A 接收时，需要向 8255A 发送该信号。8255A 接收到该信号后，把外设送来的数据锁存到相应的数据锁存器中。

IBF：输入缓冲器满信号，高电平有效。当外设送来的数据送入输入端口缓冲器后，8255A 自动发出该信号。当数据被单片机取走后将此信号复位，以通知外设可以给 8255A 输入新的数据。

INTE：8255A 内部为控制中断而设置的中断允许位。INTE 并非实际联络信号，而是由单片机向 8255A 芯片写入的控制命令，因此未在表 7-2 中列出。当 INTE 为高电平时，允许 8255A 向 CPU 发送中断请求；当 INTE 为低电平时，禁止 8255A 向 CPU 发送中断请求。使用 C 端口按位置 1/清 0 控制字对 PC4(A 口)和 PC2(B 口)的置位/复位来允许或禁止发送中断请求。

INTR：中断请求信号，高电平有效。8255A 向单片机发出中断请求，请求单片机从 8255A 相应端口中读取数据。当 $\overline{STB}$、IBF、INTE 均为 1 时，8255A 自动发出 INTR。

② 方式 1 下输出端口的信号定义。

$\overline{OBF}$：输出缓冲器满信号，由 8255A 向外设传递，低电平有效。当 $\overline{OBF}$ 为低电平时，表明单片机已经将一个数据写入到 8255A 相应的输出端口中，8255A 使用此信号通知外设将数据取走。

$\overline{ACK}$：外设传递给 8255A 的应答信号，低电平有效。当 $\overline{ACK}$ 为低电平时，表明外设已经接收到从 8255A 传送来的数据。

INTE：8255A 内部为控制中断而设置的中断允许位。当 INTE 为高电平时，允许 8255A 向单片机发送中断请求；当 INTE 为低电平时，禁止 8255A 向单片机发送中断请求。使用 C 端口按位置 1/清 0 控制字对 PC4(A 口)和 PC2(B 口)的置 1/清 0 来允许或禁止发送中断请求。

INTR：中断请求信号，由 8255A 向单片机传递，高电平有效。当 INTR 为高电平时，8255A 向单片机发出中断请求，请求单片机再次向 8255A 写入数据。

(3) 方式 2——双向数据传输方式。

① 方式 2 的工作特点。

仅端口 A 可以工作在方式 2。在该方式下，端口 A 既可以用于输入，也可以用于输出。端口 A 采用端口 C 的 PC3～PC7 作为控制和状态信号，可以向外设发送数据，也可以从外设接收数据。因为 C 口的状态联络线已被 A 口占用，因此端口 B 可工作于方式 0。

② A 端口工作在方式 2 时端口信号定义。

方式 2 下各端口信号的含义如表 7-3 所示。INTR 可以在输入或输出时向单片机提出中断请求；INTE1 是输出中断允许控制位，可以通过对 PC4 的置 1/清 0 来设置；INTE2 是输入中断允许控制位，通过对 PC6 的置 1/清 0 来设置。INTE1 和 INTE2 都是高电平有效。INTE1 和 INTE2 也并非实际联络信号，而是由单片机向 8255A 芯片写入的控制命令，因此未在表 7-3 中列出。

表7-3 方式2下8255联络信号

C 口	输 入	输 出
PC3	INTR_A	INTR_A
PC4	$\overline{STB}$_A	
PC5	IBF_A	
PC6		$\overline{ACK}$_A
PC7		$\overline{OBF}$_A

7.4.4 8255A 的应用

8255A 与单片机的连接与存储器的扩展相似，同样采用三总线结构。图 7-11 是一种较为简洁的连接方式，在采用线选法的情况下最多可连接 6 片 8255，可满足一般情况下的需要。在图 7-11 中，片选信号线 $\overline{CS}$ 连接单片机 P2.7，地址线 A0 和 A1 连接 P2.5 和 P2.6，共同形成地址总线；8255A 的数据线 D0~D7 同 8051 单片机的 P0 端口相连，形成数据总线；而控制总线的形成与 8255A 的工作方式有关，在不同工作方式下有一定差别。在工作方式 0 下，因为 A 口、B 口和 C 口都作为 I/O 端口，只需将 8255A 的 RESET、由 $\overline{RD}$ 和 $\overline{WR}$ 引脚与单片机相应信号线连接。在方式 1 和方式 2 下，C 口作为联络信号，要根据外设的情况将 C 口的某些位与单片机或外设相连。

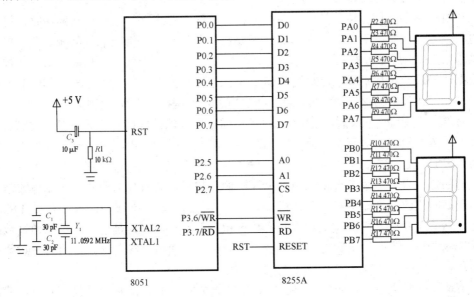

图 7-11 8255A 应用示例图

【例 7-4】 如图 7-11 所示，8255A 的 A 端口和 B 端口分别连接两个 7 段数码管，编程实现两数码管分别静态显示"0"和"1"。

分析：单片机的 P2.7 与 8255A 片选端 $\overline{CS}$ 连接，因此单片机 P0 和 P2 组成的 16 位地址中 A15(P2.7)必须为 0。本题需要访问 8255A 的 PA、PB 和控制口寄存器，根据表 7-1，

A14(P2.6)、A13(P2.5)两个地址应分别为 00、01、11，其他地址没有用到，可随意取值，一般全部取 1，因此 PA 口地址为 0x1FFF，PB 口的地址为 0x3FFF，控制口寄存器的地址为 0x7FFF。

示例程序如下：

```
#include <reg51.h>
#include <absacc.h>
#define PORT_A XBYTE[0x1FFF]    //A15=0，A14A13=00
#define PORT_B XBYTE[0x3FFF]    //A15=0，A14A13=01
#define PORT_CTL XBYTE[0x7FFF]  //A15=0，A14A13=11
int main(void)
{
    PORT_CTL=0x80;//设定 A、B 两组工作在方式 0，A 和 B 都是输出口;
    PORT_A=0xC0;  //写"0"到 8255A 的 A 端口，送数码管显示
    PORT_B=0xF9;  //写"1"到 8255A 的 B 端口，送数码管显示
    while(1) ;
}
```

本 章 小 结

在应用单片机进行系统开发时，常需要进行资源扩展，包括存储器扩展、简单输入输出口扩展、使用可编程接口芯片扩展等。

单片机扩展多采用三总线结构，系统中各部件挂在总线上，当选中某部件时，可对该部件进行读写及控制，而其他部件与总线间处于"高阻态"，相当于与总线断开。采用三总线结构以 P0 口线做数据总线、以 P0 口和 P2 口线做地址总线、以功能引脚形成控制总线。根据所扩展的芯片不同，控制线的连接有一定的区别。采用三总线方式扩展 I/O 端口时，可以如同访问数据存储器一样访问 I/O 端口或可编程接口芯片，应用非常方便。

8051 单片机的 P0~P3 口在输入数据时可以缓冲，在输出数据时能够锁存，所以这些端口可以直接连接键盘、数码管等简单外部设备，但通常可供使用的端口有限，当连接的外部设备较多时，必须扩展 I/O 端口。简单输入扩展主要采用三态数据缓冲器实现，目的是使被选通的输入设备能独占数据总线向单片机输入数据，而未被选通的设备能与数据总线之间呈现高阻抗状态，即实现与数据总线隔离。常用的三态数据缓冲器芯片有 74LS244、74LS245 等。简单输出扩展主要采用三态数据锁存器实现，目的是使单片机能通过数据总线向被选通的输入设备输出数据，而未被选通的设备与数据总线隔离。常用的三态数据锁存器芯片有 74LS373、74LS273、74LS573 等。

在简单 I/O 扩展中，一个缓冲器或锁存器只能扩展 8 位，当扩展的位较多时，就需要用多个芯片。8255A 是常见的可编程并行接口芯片，可通过软件编程的方式确定或改变其工作方式，广泛应用于单片机系统的 I/O 端口扩展。

思考与练习

1. 什么是 8051 单片机的三总线结构？它有什么优点？

2. 简述程序存储器和数据存储器扩展的一般方法。

3. 为什么外扩存储器时，P0 口要外接锁存器，而 P2 口却不接？

4. 简述地址译码的几种方法，比较它们的优缺点。

5. 使用 8255A 扩展并行 I/O 端口，实现 16 个发光二极管的跑马灯程序。

6. 与 8051 接口的 8255A 片内 4 个端口地址(A、B、C、命令口)分别为 DFFCH ~ DFFFH。先由 A 口输出数据 89H，然后由 B 口输入一个数据，最后由 PC4 位产生一个低电平宽度为 10 μs 的负脉冲，画出 8051 与 8255A 的接口电路，并编写程序。

7. 用单片机进行程序控制。很多生产过程都是按照一定顺序完成预定的动作。设某个生产过程有 6 道工序，每道工序的时间分别为 10 s、8 s、12 s、15 s、9 s、6 s；用单片机通过 8255A 的 A 口进行控制。A 口中的 1 位就可控制某一工序的启停。试编写有关程序。

第8章 人机通道接口技术

学习目标

- 理解：键盘、LED 与 LCD 的工作原理。
- 应用：掌握键盘、LED 与 LCD 的接口与编程方法。

本章导读

本章主要介绍了单片机的人机交互接口技术，包括键盘接口技术、LED 接口技术、LCD 液晶接口技术。

人机通道是指用户与单片机系统进行信息交流的通道，用以提供人机交互功能，如用户的指令或数据的输入，以及运行结果的输出显示等。前者通常采用按键或键盘实现，后者通常用数码管及液晶等显示设备实现。

键盘.wmv

8.1 键　　盘

在单片机系统中，键盘是最常用的人机交互设备，分为独立按键和矩阵键盘两大类。按键是一种常开型按钮开关，与单片机的常见接法如图 8-1 所示。当按键未按下时，两个触点断开，单片机 I/O 端口输入高电平；当按键闭合时，I/O 端口输入低电平。当 I/O 端口为 P0 口时，由于没有内部上拉电阻，所以必须外接上拉电阻；当 I/O 端口为 P1 口、P2 口和 P3 口时，由于内部已有上拉电阻，因此可省略外接的上拉电阻。

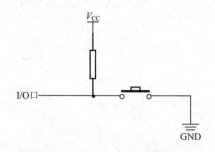

图 8-1　按键的结构图

单片机系统中所使用的键盘都是机械式的弹性按键，因为存在机械触点的弹性作用，在按键闭合和弹起的瞬间都会出现抖动现象，如图 8-2 所示。按键抖动一般会持续 5～10 ms，为使一次按键仅被处理一次，必须消除按键抖动现象。

消除按键抖动可以采用硬件消抖或软件消抖方式。硬件消抖方法常用 RS 触发器，如

图 8-3 所示，原理是当按键接触"闭合"端后，输出变为 0，在按键抖动过程中只要不接触断开端，输出便不会改变，从而起到消抖的作用；软件消抖是指在检测到有按键闭合时，延时一小段时间之后再次检测，如果仍然检测到按键闭合，则认为按键真正闭合。

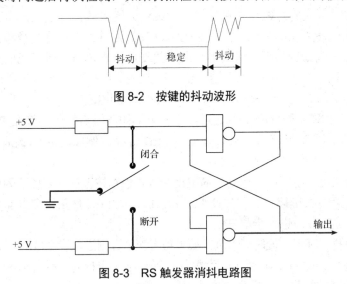

图 8-2 按键的抖动波形

图 8-3 RS 触发器消抖电路图

独立式按键是指每个按键都占据一位独立的 I/O 端口，这种连线方式下各键相互独立，编程控制容易，但是占用端口线较多。当系统中所用按键较多时，为节省单片机 I/O 资源，常采用矩阵式键盘。图 8-4 中 P2 口上所连接的即为 4×4 的矩阵键盘，如果使行线输出高电平且列线输出低电平，当有键闭合时，必然会将该闭合键所在的行线与列线导通，使行线被拉低到低电平，通过检测行线的电平状态可识别是否有按键按下。为识别按键位置，常采用列扫描法或线反转法识别按键。

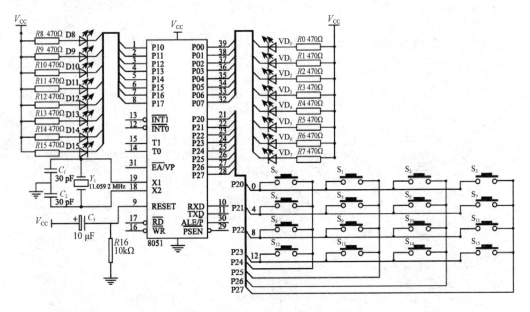

图 8-4 矩阵式键盘控制 LED 接口电路图

采取列扫描方式时，首先使第一列输出 0，而其余 3 列都输出 1，然后读取行线的值。如果所有行线值都为 1，则该列没有键闭合，继续扫描下一列；如果有行线值为 0，则说明该行和列交叉点处的键闭合。

采用反转法时，先将行线作为输出线，列线作为输入线，行线输出全为 0，读入列线的值，那么在闭合键所在的列线上的值必为 0，其他为 1；然后将行线和列线的输入输出关系互换，并且将刚读到的列线值从列线所接的端口输出，再读入行线的输入值，那么在闭合键所在的行线上的值必为 0。这样当一个键被按下时，必定可读到一对唯一的行列值，组成一个唯一的 8 位码，根据 8 位码值查表可确定按键值。

【例 8-1】 如图 8-4 所示，编程实现用 4×4 的矩阵键盘控制连接在 P0 和 P1 口上的 16 个 LED，当按下某键并释放后只有对应的 LED 灯亮。例如，按 S_0 键后 D_0 亮，按 S_1 键后 D_1 亮。

分析：本例采用在主程序中反复扫描键盘的方式识别按键值，程序分为以下几个步骤。

(1) 检测是否有按键闭合。首先使 P2 口高 4 位输出 0，然后读取低 4 位，如果低 4 位不都为 1，则有键闭合，进入步骤(2)。

(2) 软件消抖。延迟一段时间再测，如果仍有键闭合则进入步骤(3)；否则回到步骤(1)。

(3) 检测键号。如图 8-4 所示，为每行和每列都设定标号，使行号和列号相加得到该行列交叉点上按键的编号。采用列扫描法识别键号：依次扫描各列，使该列输出 0 值，然后读取低 4 位，如果低 4 位不全为 1，则依次检测各行线的值，找出不为 1 的行号，从而确定键号。为防止一次按键闭合时间过长而被多次处理，需要等待按键松开之后，再做相应处理。

示例程序如下：

```c
#include<reg51.h>
#define KEYPORT P2          //定义按键端口
#define uchar unsigned char
sbit line0=KEYPORT^0;
sbit line1=KEYPORT^1;
sbit line2=KEYPORT^2;
sbit line3=KEYPORT^3;       //定义行线
led[]= {0xfe,0xfd,0xfb,0xf7,0xef,0xdf,0xbf,0x7f };//定义 LED 显示状态
bit iskeyinput()            //判断是否有按键闭合
{
    KEYPORT=0x0f;           //低 4 位置 1，高 4 位置 0
    if((KEYPORT & 0x0f) ==0x0f )  //屏蔽高 4 位(列线)，只检测低 4 位(行线)
        return 0;           //没有键闭合，返回 0
    else
        return 1;           //有键闭合，返回 1
}
uchar key_identify()        //识别键号
{
    uchar linecode=0,rowcode=0;
    uchar i;
    uchar scancode=0xef;    //定义并初始化扫描码，使第 1 列为 0，其他列为 1
    for( i=0;i<4;i++ )      //扫描 4 列
```

```
        {
            KEYPORT=scancode;                 //输出扫描码，扫描各列
            if((KEYPORT & 0x0f) ==0x0f )      //屏蔽高 4 位(列线)，只检测低 4 位(行线)
            {//当前列无按键闭合
                rowcode++;
                scancode=scancode<<1|1;       //使输出 0 的列线左移一位
            }
            else      //当前列有按键，已经确定了列号，还需要确定行号
            {
                if( line0==0 )linecode=0;      //第 1 行有键闭合，行号为 0
                if( line1==0 )linecode=4;      //第 2 行有键闭合，行号为 4
                if( line2==0 )linecode=8;      //第 3 行有键闭合，行号为 8
                if( line3==0 )linecode=12;     //第 4 行有键闭合，行号为 12
                break;
            }
        }
    return linecode+rowcode;                   //输出键号
}
void wait_key_release()                        //等待按键松开
{
    while(1)
    {
        KEYPORT=0x0f;                          //低 4 位置 1，高 4 位置 0
        if((KEYPORT & 0x0f) ==0x0f )           //读低 4 位(行线)状态，如果全为高电平
            break;                             //没有键闭合，即键盘已经松开
    }
}
void display(uchar n)                           //键盘处理程序
{
    if(n < 8 )
    {
        P0 = led[n];
        P1=0xff;
    }
    else
    {
        P0=0xff;
        P1 = led[n-8];
    }
}
int main(void)
{
    uchar keycode;                             //用于保存识别的键号：0~15
    unsigned int i;
    while(1)
    {
        while (!iskeyinput() );                //如果没有键按下，则等待
        for( i=0;i<500;i++ );                  //去除键抖动
        if( iskeyinput() )                     //检测当前是否有按键
        {
```

```
            keycode= key_identify();      //识别键号
            wait_key_release();           //等待按键松开。只有松开后，该函数才退出
         display (keycode);               //显示按键状态
        }
    }
}
```

8.2 数 码 管

数码管(light emitting diode，LED)，即发光二极管显示器，是单片机系统中最常用的显示器件。通常数码管是由 8 个发光二极管组合而成，当发光二极管的阳极为高电平、阴极为低电平时，发光二极管可以导通发光。控制 LED 中各二极管亮灭，就可以显示不同的字形。

数码管.wmv

数码管分为共阴极和共阳极两种结构形式，如图 8-5 所示。共阴极是指所有发光二极管的阳极相互独立，而把所有的阴极连接起来形成公共端，公共端通常需要接地。共阳极是指所有发光二极管的阴极相互独立，而把所有的阳极连接起来形成公共端，公共端通常需要接电源。

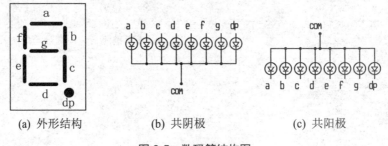

(a) 外形结构　　　　(b) 共阴极　　　　(c) 共阳极

图 8-5　数码管结构图

通常将数码管的公共端称为位选控制端，将其余 8 个发光二极管独立的一端称为段选控制端。为了能够在数码管上显示某一个字符，需要在它的段选控制端输入不同的电平组合，该电平组合为 8 位数据，通常称为字型码或者段选码，格式如表 8-1 所示。

表 8-1　LED 字型码编码格式

编码位	D7	D6	D5	D4	D3	D2	D1	D0
字型码	dp	g	f	e	d	c	b	a

每个字符的字型码都不同，即使是同一个字符，对于共阴极结构和共阳极结构的 LED，其字型码也不同，如表 8-2 所示。

数码管有两种显示方式，分别是静态显示方式和动态显示方式。

1)　静态显示

硬件连线上，每个数码管的公共端都直接接地(共阴极数码管)或接电源(共阳极数码管)，各个段选端分别与一个 8 位的并行 I/O 端口连接，具体如图 8-6 所示。显示字符时，

只需将各个字符的字型码分别送入相应的 I/O 端口，即可使各数码管同时显示不同的字符。

表 8-2　LED 字型码表

显示字符	共阴极字型码	共阳极字型码	显示字符	共阴极字型码	共阳极字型码
0	0x3F	0xC0	b	0x7C	0x83
1	0x06	0xF9	C	0x39	0xC6
2	0x5B	0xA4	d	0x5E	0xA1
3	0x4F	0xB0	E	0x79	0x86
4	0x66	0x99	F	0x71	0x8E
5	0x6D	0x92	P	0x73	0x8C
6	0x7D	0x82	U	0x3E	0xC1
7	0x07	0xF8	y	0x6E	0x91
8	0x7F	0x80	L	0x38	0x7C
9	0x6F	0x90	8.	0xFF	0x00
A	0x77	0x88		0x00	0xFF

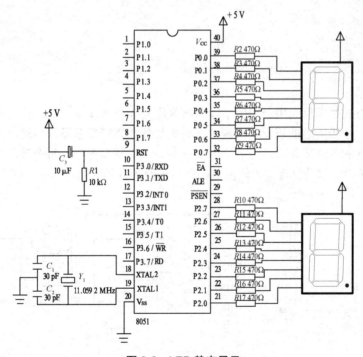

图 8-6　LED 静态显示

　　静态显示的优点是程序控制简单，缺点是占据 I/O 端口线多。当数码管数目较多时，常采用动态显示方式。

　　【例 8-2】　图 8-6 采取静态显示方式，单片机的 P0 口和 P1 口分别连接两个共阳极 7 段数码管。编写控制程序，实现 P0 口上数码管从 0 到 9 循环显示，P1 口上数码管从 9 到 1 循环显示。

示例程序如下：

```c
#include <reg51.h>
void delay(unsigned char n);
int main(void)
{
  unsigned char
led[]={0xC0,0xF9,0xA4,0xB0,0x99,0x92,0x82,0xF8,0x80,0x90};//0～9 的字型码
  unsigned char i;
    while(1)
      {
      for(i=0;i<10;i++)
      {
        P0=led[i];
            P2=led[9-i];
            delay(200);        //延时
      }        //分别将数字的字型码送两端口上数码管显示
  }
}

void delay(unsigned char n)    //延时子函数
{
    unsigned char i,j;
    for(i=0;i<n;i++)
        for(j=0;j<n;j++);
}
```

2) 动态显示

动态显示方式是指只利用一个用于段选的单片机 8 位 I/O 端口循环点亮各数码管，当间隔时间较短时，由于人眼的视觉暂留现象，效果与各数码管静态显示相同。在硬件连线上，将所有的数码管的段选端并联，与一个 8 位的并行 I/O 端口连接，每个数码管的位选端分别与另一个 I/O 端口中的某位连接，轮流输出高电平使各数码管循环点亮，如图 8-7 所示。

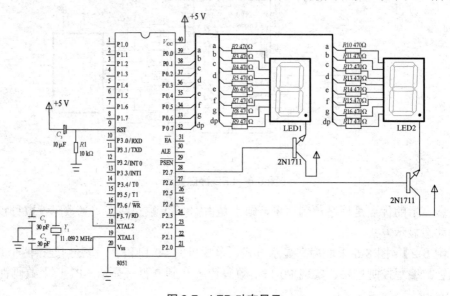

图 8-7　LED 动态显示

【例 8-3】 如图 8-7 所示，2 个共阳极数码管采取动态显示方式与单片机相连接。P0 口为段选端，P2.6 和 P2.7 分别与三极管基极相连做位选端。要求编写控制程序，实现 2 个数码管能够分别显示"1"和"2"。

分析：图中 PNP 类型的三极管起到开关作用，使每个数码管循环显示一段时间。本例采用定时器中断方式使每个数码管显示 2 ms，在每次中断服务程序中更新公共端和段选端数据信息。

示例程序如下：

```c
#include <reg51.h>
unsigned char led[]={0xf9,0xa4};          //存储共阳极"1"和"2"的字型码
unsigned char segment[]- {0x7f,0xbf};   //存储 2 个数码管的位选码
unsigned char k=0;                  //全局变量，用于标识显示器位置
int main(void)
{
    TMOD=0x00;               //设定工作方式 0
    TL0=(8192-2000)%32;     //低 5 位赋值(满值-定时时间/机器周期)%32
    TH0=(8192-2000)/32;     //高 8 位赋值(满值-定时时间/机器周期)/32
    TR0=1;
    EA=1;
    ET0=1;//开放中断
    while(1);
}
void T0_timer(void) interrupt 1       //中断服务程序
{

    P0=led[k];              //段选赋值
    P2=segment[k];          //位选赋值
    k++;                    //下一个数码管
    if(k==2)
        k=0;                //显示完最后一个数码管，再从头开始
    TL0=(8192-2000)%32;
    TH0=(8192-2000)/32;     //重新写入初始值，即重新定时

}
```

【例 8-4】 应用 8255 构成键盘/数码管接口电路，如图 8-8 所示。8255 的 PC0～PC3 与 4 位数码管的位选端相连，PA0～PA7 与数码管的段选端相连，PB0～PB3 与键盘列线相连，PC0～PC3 与键盘行线相连。编写控制程序，实现按下某按键后，计算相应键值的 3 次方，并送 4 位数码管显示。

分析：单片机的 P2.7 与 8255A 片选端 $\overline{\text{CS}}$ 连接，因此单片机 P0 和 P2 构成的 16 位地址中 A15(P2.7)必须为 0。本题需要访问 8255A 的 PA、PB、PC 和控制口寄存器，根据表 7-1，A14(P2.6)、A13(P2.5)两个地址应分别为 00、01、10 和 11，其他没有用到的地址全部取为 1。因此，PA 口地址为 0x1FFF ，PB 口的地址为 0x3FFF，PC 口的地址为 0x5FFF，控制口寄存器的地址为 0x7FFF。

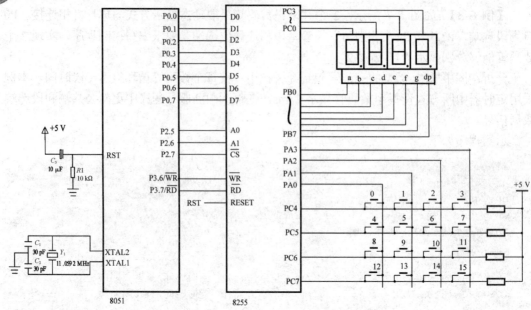

图 8-8 用 8255 构成键盘/数码管接口电路图

示例程序如下：

```c
#include <reg51.h>
#include <absacc.h>
#define uchar unsigned char
#define uint  unsigned int

#define PORT_A XBYTE[0x1FFF]   //A15=0，A14A13=00
#define PORT_B XBYTE[0x3FFF]   //A15=0，A14A13=01
#define PORT_C XBYTE[0x5FFF]   //A15=0，A14A13=10
#define PORT_CTL XBYTE[0x7FFF] //A15=0，A14A13=11
  unsigned char Led[]={0xC0,0xF9,0xA4,0xB0,0x99,0x92,0x82,0xF8,0x80,0x90,0xff};
                                        //0～9 的字型码
unsigned char code Seg[ ]={0x01,0x02,0x04,0x08}; //定义无符号字符型数组
//延时函数
void delay(uint i)
{
uint j;
  for(j=i;j>0;j--);
}
bit CheckKey()            //检测有无按键按下的子函数
{
uchar i;
  PORT_A =0x00;          //列线加低电平
  i=(PORT_C & 0xf0);     //取行线状态
  if(i==0xf0) return(0);
  else  return(1);       //行线都为高电平，则无键按下，返回 0；否则返回 1
 }
uchar KeyScan()            //键盘扫描子函数
{        //无按键按下返回 oxff，有则返回键码
```

```
uchar ScanCode;
uchar CodeValue;
uchar k;
uchar i,j;
if(CheckKey()==0)  return(0xff);           //无按键按下，返回 0xff
else
  {
    delay(200);                            //延时
   if(CheckKey()==0)  return(0xff);        //无按键按下，返回 0xff
   else
    {
    ScanCode=0x01;                  //设置列扫描码，初始值最低位为 0
    for(i=0;i<4;i++)                //逐列扫描 8 次
     {
      k=0x10;                       //行扫描码赋初值
      PORT_A=~ScanCode;             //送列扫描码
      CodeValue=i;  //键码和 i 值一致
      for(j=0;j<4;j++)
      {
        if((PORT_C & k) ==0)             //是否在当前列
         {
            while(CheckKey()!=0);    //若是，则等待按键释放
            return(CodeValue);       //返回键码
         }
        else
         {
            CodeValue+=4;     //键码加 4，同一列的每一行上的键码恰好相差 4
            k<<=1;            //列扫描码 k 右移一位，扫描下一行
         }
       }
      ScanCode<<=1;               //每一行都扫描完，列扫描码右移一位，扫描下一列
     }
    }
  }
  return(0xff);                  //返回无效键码
}
int main(void)
{
   uchar i=0;
   bit flag;
   uchar key=0x00;
   uint val[5];
/*A、B 两组工作在方式 0，A 口输出，B 口输出，C 口低 4 位输出，C 口高 4 位输入*/
   PORT_CTL=0x88;
   while(1)
    {
       key=KeyScan();
         if(key!=0xff)
           {
                val[4]=key*key*key;              //计算键值的 3 次方
```

```
            val[0]= val[4]/1000;          //计算千位
            val[1]= (val[4]%1000)/100;    //计算百位
            val[2]= (val[4]%100)/10;      //计算十位
            val[3]= val[4]%10;            //计算个位
       while(!CheckKey())                 //如果没有按键按下,则动态显示数字
         {
                for(i=0;i<4;i++)
                {
if((val[i]==0)&&(flag==0))continue; /*如果是"0",且未出现过非0数,则不显示*/
else flag=1; /*如果出现了非0数,则进行标记,后面所有的数都显示*/
     PORT_B=Led[val[i]]; /*写数字到8255的B端口,送数码管显示*/
                  PORT_C=Seg[i];  //数码管位选
                  delay(5000);    //延迟以动态显示数字
                }
                flag=0;           //标记复位
           }
        }
     }
}
```

8.3 键盘显示接口芯片 8279

8279 是由 Intel 公司设计的可编程键盘/显示器接口芯片,可完成键盘输入和数码管显示功能。8279 内部具有容量为 8×8 B=64 B、兼有键盘 FIFO(先进先出堆栈)/传感器功能的 RAM(随机存储器),以及 16×8 B=128 B 的显示 RAM。8279 可以接入 8×8 行列矩阵键盘/开关量传感器阵列,并可接入能显示最多 16 位字符的数码管。正确使用 8279 芯片可以简化系统的软硬件设计,提高 CPU 的工作效率。

1. 引脚功能

8279 采用 40 引脚封装,其引脚分布如图 8-9 所示,各引脚功能如下。

(1) D0~D7 为地址/数据复用总线。

(2) $\overline{CS}$ 为片选信号。当为低电平时有效,并由 $\overline{WR}$、$\overline{RD}$ 信号控制读写。

(3) CLK 为外部时钟输入端,用于内部定时。

(4) 当 A0 为 1 时,单片机写入命令,读出状态字;当 A0 为 0 时读写的信息为数据。

(5) IQR 为中断请求输出端。当存储器中有数据时,IQR 输出高电平,通过反相器变成低电平后输入单片机外部中断口申请中断。

(6) SHIFT、CNTL/STB 为控制键输入线,一般可作为扩充键开关的控制信号。

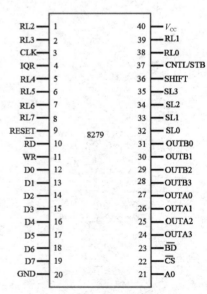

图 8-9 8279 引脚排列图

(7) RL0~RL7 为反馈输入线，作为键盘或传感器信号输入线。

(8) SL0~SL3 为扫描输出线，用于对键盘、传感器和显示器扫描。

(9) OUTA0~OUTA3、OUTB0~OUTB3 分别为 A 组、B 组显示器数据输出线，可分别作为两个半字节输出，也可作为 8 位数据输出口，此时 OUTB0 为最低位，OUTA3 为最高位。

(10) $\overline{BD}$ 为消隐输出线，低电平有效，当显示器切换时或使用消隐命令时，将显示消隐。

(11) RESET 为复位输入线高电平有效。复位后工作于以下方式：左端输入 16 个 8 位字符显示；编码的扫描为两键联锁，时钟前置分频器被置为 31。

2. 8279 工作方式

8279 有 3 种工作方式，分别是键盘方式、显示方式和传感器方式。

1) 键盘方式

8279 可以接 8×8 行列矩阵键盘，能够自动去抖动，识别键盘上闭合键的键号，并具有多键同时按下保护功能。8279 在键盘方式时，可设置为双键互锁和 N 键循回方式。双键互锁方式是指若有两个或多个键同时按下时，不管按键先后顺序如何，只能识别最后一个被释放的键，并把该键值送入存储器中。N 键循回方式是指一次按下多个键均可被识别，按键值按扫描次序被送入存储器中。

2) 显示方式

8279 的显示方式又可分为左端入口和右端入口方式。数据只要写入显示存储器即可显示，写入顺序决定了显示的次序。左端入口方式即显示位置从显示器最左端(最高位)开始，逐个向右按顺序排列。右端入口方式从显示器最右端 (最低位)开始，已显示的字符逐个向左移。无论是左入口还是右入口，最后输入的总是显示在最右边。

3) 传感器方式

开关量传感器用于检测开关量信号，有断开和闭合两种状态。液位开关就是一种常见的开关量传感器，当液位低于设定值时，液位开关断开；当液位高于设定值时，液位开关闭合。8279 允许最多可以接入 8×8 阵列的开关量传感器进行监测，一旦发现传感器状态发生变化就发出中断请求(IRQ 位置 1)，中断响应后转入中断处理程序。

3. 8279 命令字

8279 的各种工作方式都要通过对命令寄存器的设置来实现。共有 8 种命令，通过高 3 位 D7、D6、D5 为特征位区分，D4~D0 位为命令的具体内容。工作方式命令字如表 8-3 所示。

表 8-3　工作方式命令字

命令名称	D7	D6	D5	D4	D3	D2	D1	D0
工作方式设置	0	0	0	D	D	K	K	K
时钟编码设置	0	0	1	P	P	P	P	P
读 FIFO/传感器 RAM	0	1	0	AI	×	A_2	A_1	A_0
读显示 RAM	0	1	1	AI	A_3	A_2	A_1	A_0
写显示 RAM	1	0	0	AI	A_3	A_2	A_1	A_0

续表

命令名称	D7	D6	D5	D4	D3	D2	D1	D0
禁写显示器/消隐	1	0	1	×	IW_A	IW_B	BL_A	BL_B
清除	1	1	0	CD_2	CD_1	CD_0	C_F	C_A
结束中断/设错误方式	1	1	1	E	×	×	×	×

注：表中标"×"的位置为空闲。

下面详细说明各命令字的设置方法。

1) 工作方式设置命令字

该命令用于设定显示方式和键盘工作方式。

如表 8-3 所示，D7 D6 D5 为特征位 000；D4、D3 用来设定显示方式，如表 8-4 所示；D2、D1、D0 用来设定键盘工作方式，如表 8-5 所示。

表 8-4 显示方式设置

D4	D3	显示器方式
0	0	8 个字符显示－左边输入
0	1	16 个字符显示－左边输入
1	0	8 个字符显示－右边输入
1	1	16 个字符显示－右边输入

表 8-5 键盘工作方式设定控制

D2	D1	D0	键盘工作方式
0	0	0	编码扫描键盘，双键锁定
0	0	1	译码扫描键盘，双键锁定
0	1	0	编码扫描键盘，N 键轮回
0	1	1	译码扫描键盘，N 键轮回
1	0	0	编码扫描传感器矩阵
1	0	1	译码扫描传感器矩阵
1	1	0	选通输入，编码显示器扫描
1	1	1	选通输入，译码显示器扫描

8279 最多可用来控制 16 位数码管显示器，每一个显示存储器单元对应一位显示器。CPU 将显示数据写入缓冲器时有左边输入和右边输入两种方式。

(1) 左边输入。

左边输入是比较简单的方式，地址为 0～15 的显示存储器单元分别对应于显示器的0(左)位～15(右)位。当 16 个显示存储器都写满时(从 0 地址开始写，写 16 次)，第 17 次写再从 0 地址开始写入。

(2) 右边输入。

在右边输入方式中，显示器的各位和显示存储器的地址并不对应。右边输入方式是移位方式，每写入一位都显示在最右边，原内容左移一位，原最左边内容被移出。

功能说明如下。

①　编码工作方式。编码工作方式是指扫描代码由扫描线 SL0～SL3 外接译码器输出。由于输入存储器容量限制，可最多外接 64 个键，因此可由 SL0～SL2 外接 3-8 译码器，由译码器的 8 位输出做扫描线(列线)，由 RL0～RL7 做输入线(行线)，外接 8×8 键盘。

②　译码工作方式。扫描代码经内部译码后由 SL0～SL3 输出直接用于扫描。由于每次只有一位是低电平，因此扫描线有 4 根，最大只能接 4×8 的键盘。

③　双键锁定。当键盘中有多个键同时按下时无效，键的编码信息不能进入输入缓冲器中。仅当剩下一键保持闭合时，该键的编码信息方能进入缓冲器，该方式可以避免误操作。

④　N 键轮回。当多键一起按下时，可依照键盘被按下的顺序，依次将键盘数据送入存储器中。

⑤　选通输入。RL0～RL7 作为选通输入口，CNTL/STB 作为选通信号输入端，这时只能用于选通显示器而不能用于键盘的工作方式。

⑥　扫描传感器矩阵工作方式。单片机内的去抖动逻辑被禁止，传感器的开关状态直接读入输入缓冲器中，其优点是 CPU 能知道传感器闭合多久、何时释放。

⑦　传感器扫描工作方式。每当检测到传感器信号(开或闭)改变时，中断线上的 IRQ 就变为高电平。在编码扫描时，可对 8×8 传感器矩阵开关状态进行扫描；在内部译码扫描时，可对 8×4 传感器矩阵开关的状态进行扫描。

【例 8-5】　若希望设置 8279 键盘译码扫描方式，N 键轮回，显示 8 个字符，右端入口方式，确定其命令字。

根据题目要求可进行分析：键盘/显示命令特征位 D7 D6 D5=000；8 个字符右端入口显示 D4 D3=10；键盘译码扫描，N 键轮回 D2 D1 D0=011；所以 8 位命令存储器状态 D7～D0=00010011B，即该命令字 13H 送入命令寄存器可满足题目要求。

【例 8-6】　若已知命令字为 08H，判断 8279 的工作方式。

分析：命令字为 08H，即 D7～D0=00001000B，显然 D7 D6 D5=000，该命令为键盘/显示命令；D4 D3=01 为 16 字符左端入口显示方式；D2 D1 D0=000，键盘为编码扫描，双键锁定方式。

2)　时钟编码设置命令字

如表 8-3 所示，当高 3 位 D7 D6 D5=001 时是时钟编码命令字的特征位。时钟频率控制扫描时间和键盘去抖动时间的长短。内部时钟为 100 kHz 时，扫描时间为 5.1 ms，去抖动时间为 10.3 ms，能够满足大多数应用情况，因此一般认为 8279 工作需要 100 kHz 的时钟信号。时钟信号由外部输入脉冲分频后产生，时钟编码命令字给出了外部输入时钟的分频系数。D4～D0 组成分频系数 N=PPPPP，可在 2～31 次分频系数中进行选择。根据 CLK 输入时钟信号的频率选择分频系数 N，使 8279 内部时钟达到 100 kHz。

【例 8-7】　若 8279 CLK 的输入信号频率为 3 MHz，确定其时钟编码命令字。

为使 8279 内部时钟为 100 kHz，则分频系数应为 30D=1EH，于是 D4～D0=11110，则控制字为 D7～D0=00111110B，即 3EH。

3) 读 FIFO/传感器 RAM 命令字

该命令给出了读 FIFO/传感器 RAM 地址。当单片机执行读 FIFO/传感器 RAM 时，首先用该命令字给出地址，然后再执行读操作。

如表 8-3 所示，高 3 位 D7 D6 D5＝010 为特征位；D4(AI)为多次读出时的自动增址控制位，当 AI＝1 时，每次读出后地址自动加 1，当 AI＝0 时地址不增加，但仅能读出一个单元的内容；D2～D0(AAA)为 FIFO/传感器 RAM 起始地址。

【例 8-8】 使单片机连续读 8279 内传感器 RAM 中 000～111 单元的数据，设置读命令。

分析：因为要连续读数，设置为自动加 1 方式，即 D4=1。RAM 首地址 000 即 D2～D0=000，再加上特征位，所以该命令控制字为 D7～D0=01010000B，即 50H。

4) 读显示缓冲 RAM 命令字

8279 内部有 16×8 位显示 RAM。当单片机执行读缓冲 RAM 时，首先要用该命令字给出缓冲 RAM 地址，然后再执行读操作。如表 8-3 所示，高 3 位 D7 D6 D5＝011 是该命令字的特征位。4 位二进制代码 AAAA 用于寻址显示缓冲 RAM 的一个缓冲单元。AI 为地址自动增量标志，AI＝1，则 CPU 每次读出后，地址自动加 1。

【例 8-9】 读显示 RAM 中 1000 单元，求命令字。

分析：因为只读单数，地址不需自动加 1，即设置 D4=0，特征位为 011，地址为 1000，所以其控制命令字为 D7～D0=01101000B，即 68H。

5) 写显示缓冲 RAM 命令字

当 CPU 执行写显示 RAM 时，首先用该命令字给出要写入的地址。如表 8-3 所示，高 3 位 D7 D6 D5＝100 为特征位；AI 为自动增址控制位，若 AI＝1，则 CPU 除在第一次定时须给出地址外，以后每次写入，地址自动加 1，直至所有显示缓冲 RAM 全部写完；AAAA 可用来寻址显示缓冲 RAM 的 16 个存储单元。

6) 禁写显示器消隐命令字

该命令给出了显示的消隐控制。如表 8-3 所示，高 3 位 D7 D6 D5＝101 为该命令字的特征位。IW_A 和 IW_B 分别用以屏蔽由 8279 引脚 OUTA0~OUTA3、OUTB0~OUTB3 控制的 A 组、B 组显示器的 RAM，当为 1 时禁止写入。BL_A、BL_B 分别是 A 组和 B 组显示输出是否被消隐(不显示)的控制位，当 BL_A 和 BL_B 都为 1 时消隐显示输出，为 0 时不进行消隐。

【例 8-10】 假设 A、B 两组数码管均已被点亮显示，现在希望 A 组继续显示且不允许更改显示内容，B 组不再显示，确定其命令字。

分析：根据命令格式，A 组灯继续显示且不允许更改内容，故应禁止 A 组 RAM 再写入其他数据，即应设 D3=1；B 组显示熄灭，即应设 D0=1，除特征位外，其余位设为 0。故其控制命令字为 D7～D0=10101001B，即 A9H。

7) 清除命令字

该命令字用来清除键盘 FIFO RAM 和显示缓冲器 RAM。如表 8-3 所示，D4、D3、D2 用来设定清除显示缓冲 RAM 的方式，其定义见表 8-6。

表 8-6　清除命令字的 D4、D3、D2 定义

D4	D3	D2	清除显示 RAM 的方式
1	0	×	将显示 RAM 全部清 0
1	1	0	将显示 RAM 清成 20H(A 组＝0010，B 组＝000)
1	1	1	将显示 RAM 全部置 1
0	×	×	不清除

D1 位用来设定 FIFO RAM，当 D1＝1 时，执行清除命令后，FIFO RAM 被置空，使中断请求线 IRQ 复位为低电平，同时传感器 RAM 的读出地址也被置 0。D0 兼有 C_D 和 C_F 的联合作用，当 C_A＝1，对显示 RAM 的清除方式由 D3 和 D2 的编码确定。

清除显示缓冲器 RAM 大约需要 160 μs，在此期间，FIFO 状态字的最高位为 1，表示写显示无效，CPU 不能向显示缓冲器 RAM 写入数据。

8)　结束中断/错误方式设置命令

如表 8-3 所示，高 3 位 D7　D6　D5＝111 为该命令字的特征位。该命令有以下两个作用。

(1)　在传感器工作方式下，该命令用于结束传感器 RAM 的中断请求。在传感器工作方式时，每当传感器状态发生变化，扫描电路自动将传感器状态写入传感器 RAM，同时发出中断申请，即将 IRQ 置高电平，并禁止再写传感器 RAM。中断响应后，从传感器 RAM 读走数据进行中断处理，但中断标志 IRQ 的撤除分两种情况：若读 RAM 地址自动加 1 标志位为 0，中断响应后 IRQ 自动变低，撤销中断申请；若读 RAM 地址自动加 1 标志位为 1，中断响应后 IRQ 不能自动变低，必须通过结束中断命令来撤销中断请求。

(2)　设置键盘错误工作方式。在键盘扫描 N 键轮回工作方式，即在 8279 消抖周期内，如果发现多个按键同时按下，则将 FIFO 状态字中错误特征位置 1，并发出中断请求阻止写入 FIFO RAM。

根据上述 8 种命令可以确定 8279 的工作方式。在 8279 初始化时把各种命令送入命令地址口，根据其特征位可以把命令存入相应的命令寄存器，执行程序时 8279 能自动寻址相应的命令寄存器。

4．8279 的状态字

状态字显示出 8279 的工作状态。状态字和 8 种命令字共用一个地址口。当 A0=1 时，从 8279 命令/状态口地址读出的是状态字。状态字主要用于键盘和选通工作方式，以指示 FIFO RAM 中的字符有无错误发生。状态字各位意义见表 8-7。

表 8-7　键输入状态字

D7	D6	D5	D4	D3	D2	D1	D0
DU	S/E	O	U	F	N	N	N

表 8-7 中的各位作用如下。

D2～D0：表示 FIFO RAM 中数据个数(0～8)。

D3：在 F＝1 时，表示 FIFO RAM 已满。

D4：在 FIFO RAM 已空时，若 CPU 对 FIFO RAM 进行读操作，则置"1"。

D5：当 FIFO 已满时又输入一个字符，发生溢出时置 O 标志位为"1"。

D6：S/E 用于传感器矩阵输入方式，几个传感器同时闭合时置"1"。

D7：在清除命令执行期间该位为"1"，此时对显示 RAM 的写操作无效。

5. 8279 的数据输入输出格式

当 A0=0 时，读写的是数据。在键扫描方式下，从 FIFO RAM 中读出的键输入数据格式见表 8-8。

表 8-8 键输入数据格式

D7	D6	D5	D4	D3	D2	D1	D0
CNTL	SHIFT	扫描(SL0~SL3 编码)			回复(RL0~RL3 编码)		

D5～D3：闭合键所在的行号，键盘行扫描 SL0～SL3 计数值的编码数据，如 000 表示扫描到 SL0 时发现有键闭合，111 表示扫描到 SL7 时发现有键闭合。

D2～D0：闭合键所在列号，回复线 RL0～RL7 的编码数据。当为 000 时说明 RL0 线上有键闭合，当为 111 时说明 RL7 线上有键闭合。

D6：控制键 SHIFT 的状态。

D7：控制键 CNTL 的状态。

控制键 CNTL、SHIFT 可接单独的开关键。SHIFT 键与键盘配合，可使键盘具有上、下键功能，这样键盘可扩充到 128 个键。CNTL 键可与 SHIFT 键做组合控制键，最多可扩充到 256 键。

在传感器扫描方式或选通输入方式下，输入数据即为 RL0～RL7 的输入状态，如表 8-9 所示。

表 8-9 输入数据

D7	D6	D5	D4	D3	D2	D1	D0
RL7	RL6	RL5	RL4	RL3	RL2	RL1	RL0

【例 8-11】 如图 8-10 所示，采用 8279 构成 8 位共阴极数码器及 8 行 2 列键盘接口电路。采用 74LS245 作为数码管段选端驱动，用 8279 的扫描输出线 SL0～SL2 通过 74LS138 译码输出控制位选端以进行动态显示，并进行键盘列扫描。当有键按下时，通过中断方式通知 8051。编写控制程序，实现 8 位数码管按输入顺序从左到右显示按下的键值。

分析：单片机的 P2.7 与 8279 片选端 $\overline{CS}$ 连接，因此单片机 P0 和 P2 组成的 16 位地址总线中 A15(P2.7)必须为 0。P2.6 与 8279 片选端 A0 连接，当 A14(P2.6)为高电平时选择 8279 的命令/状态口操作；当 A14(P2.6)为低电平时选择数据口操作。其他地址没有用到，全部取 1。因此，命令/状态口地址为 0x8FFF，数据口的地址为 0x3FFF。按图 8-10 中键盘标号顺序，8279 的 FIFO RAM 中输出的键盘数据低 6 位正好是键值，可直接按查表的方式送相应数字的字型码到数码管进行显示。因采用 12 MHz 的晶振，单片机 ALE 输出 2 MHz 到 8279 的时钟端口 CLK，通过 8279 编程时钟命令 20 分频后得到 1 000 kHz 工作频率。

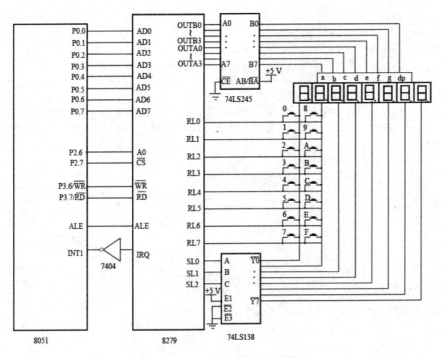

图 8-10　8279 引脚排列图

示例程序如下：

```c
#include<reg52.h>
#include<absacc.h>
#define uchar unsigned char
#define uint unsigned int
#define com XBYTE [0x7fff]//A15=0（CS=0），A14=1（A0=1），命令/状态口
#define dat XBYTE [0x3fff]//A15=0（CS=0），A14=0（A0=0），数据口

uchar code table1[]=   //共阴极字型码
{0x3f,0x06,0x5b,0x4f,0x66,0x6d,0x7d,0x07,0x7f,0x6f,0x77,0x7c,0x39,0x5e,0
x79,0x71};
uchar temp;
bit key;
void delay(uint z)
{
    uint x,y;
    for(x=z;x>0;x--)
      for(y=110;y>0;y--);
}

void main()
{
    delay(1400);
    temp=0;
    EA=1;
    EX1=1;
```

```
    IT1=0;
    delay(10);
    com=0xd2;//11010010，清除 RAM
    com=0x00;//00000000，16 个字符显示－左边输入，编码扫描键盘，双键锁定
    com=0x34;/*00110100，时钟编码命令，20 分频，晶振 12 MHz，ALE 输出 2 MHz，8279
经 20 分频后得到 1 000 kHz 工作频率。*/
    com=0x90;//10010000，从单元 0 开始写要显示的数据，每次写完后自动地址加 1
    com=0x70;//01110000，从单元 0 开始读要显示的数据，每次读完后自动地址加 1
    key=0;
    while(1)//等中断
    {
        if(key)
        {
             com=0x40;//01000000，读 FIFO/传感器 RAM 命令字
             delay(1);
             temp=dat&0x3f;         //取键盘数据低 6 位，即为键值
             dat=table1[temp];      //送数码管显示
             key=0;                 //按键标志复位
        }
    }
}

void time() interrupt 2
{
    key=1; //有键按下
}
```

8.4　LCD 液晶接口技术

液晶显示器(liquid crystal display，LCD)可以显示数字、字母、汉字以及图形图像等丰富的内容，其应用非常广泛。液晶显示器由液晶显示部分和控制器两部分组成，控制器通过控制液晶显示区的电压，实现字符显示。根据 LCD 的显示方式，可分为段型、字符型和点阵型 3 种。字符型 LCD 显示内容丰富、价格低廉、使用方便。本节以 1602 字符型液晶显示器为例进行介绍。

1602 液晶控制器采用日立公司的 HD44780 集成电路，只需将待显字符的 ASCII 码放入其数据存储器，字符就会自动在液晶显示器上显示。该显示器每屏最多可显示 2 行，每行 16 个字符，共 32 个字符。

1. LCD 引脚

1602 型 LCD 分为有背光(16 个引脚)和无背光(14 个引脚)两种。图 8-11 是 14 脚 1602 型 LCD 的接口电路。14 脚 1602 型 LCD 引脚共分成 3 类。

(1) 电源引脚。引脚 1 和引脚 2 分别是电源正极(V_{SS})和电源负极(V_{DD})。

(2) 数据引脚。引脚 7~14 共 8 个引脚是双向数据总线的第 0~8 位。P0 口无上拉电阻，如果需要接到 P0 口，则必须接上拉电阻。图 8-11 中接到 P1 口，可不接上拉电阻。

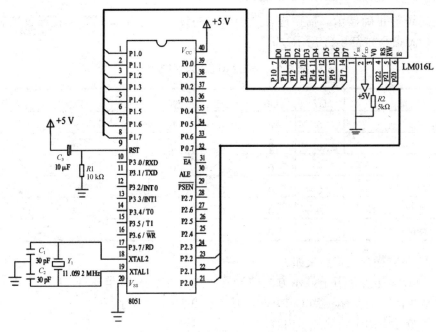

图 8-11　LCD 接口电路图

(3) 控制引脚。

① 引脚 3(VL)是反视度调整引脚，通常经过一个对比度调节电阻后接地。

② 引脚 4(RS)是寄存器选择引脚，当 RS=1 时，选择数据寄存器；当 RS=0 时，选择指令寄存器。

③ 引脚 5(R/W)是读写选择引脚，当 R/W=1 时读，当 R/W=0 时写。

④ 引脚 6(E)是模块使能信号，当 E 上为高电平时，可以读出数据或指令；当 E 上电平正跳变时，开始写入数据或指令；当 E 上电平负跳变时，开始执行指令。

2. 显示及读写控制指令

由于 LCD 显示过程较为耗时，为使命令能够被正确接受，需要等 LCD 在空闲时才能发送命令，因此在给命令前应先检查 LCD 的忙碌状态。1602 型 LCD 设了一个忙碌标志位 BF，连接在 8 位双向数据线的 DB7 位上。当 BF 状态为 1 时，则表示 LCD 忙碌，需要等待；当 BF 状态为 0 时，则表示 LCD 空闲，可以接受命令和数据。当模块使能信号 E 为高电平时，可以读出数据或指令；当 E 电平正跳变时，开始写入数据或指令；当 E 电平负跳变时，开始执行指令。表 8-10 是 LCD 的读写设置。

表 8-10　1602 型 LCD 的读写设置

功　　能	RS	R/W	E	DB0~DB7
读出控制指令	0	1	1	输出的控制字
写入控制指令	0	0	正跳变	写入的控制字
读出显示数据	1	1	1	读出的数据
写入显示数据	1	0	正跳变	写入的数据

为使字符能正确显示，需要进行显示模式的设置。显示模式的设置通过控制指令实现，常用控制指令如表 8-11 所示。

表 8-11   1602 型 LCD 的控制指令

功　能	D7	D6	D5	D4	D3	D2	D1	D0
显示设置指令	0	0	1	DL	N	F	0	0
清屏指令	0	0	0	0	0	0	0	1
归零指令	0	0	0	0	0	0	1	0
输入方式指令	0	0	0	0	0	1	I/D	S
显示开关指令	0	0	0	0	1	D	C	B
光标画面移动指令	0	0	0	1	S/C	R/L	0	0

表 8-11 中各指令设置意义如下。

(1) 显示设置指令用于显示方式的设置，当 DL=1/0 时是 8 位/4 位数据接口；当 N=1/0 时是两行/一行显示；当 F=1/0 时，是 5×10/5×7 点阵字符。

(2) 清屏指令用于清除显示内容。

(3) 归零指令用于光标回归原点。

(4) 输入方式指令用于画面和光标的移动方式设置。当 I/D=1/0 时，数据读写操作后 AC 自动加 1/减 1；当 S=1/0 时，数据读写操作后文字移动/不移动。

(5) 显示开关指令用于画面显示开关设置。当 D=1/0 时显示开/关；当 C=1/0 时光标显示/不显示；当 B=1/0 时光标闪烁/不闪烁。

(6) 光标画面移动指令用于画面和光标平移方式设置，当 S/C =1/0 时画面/光标平移一个字符位；当 R/L =1/0 时画面或光标右移/左移。

【例 8-12】 要将 1602 型液晶显示模式设置为 16×2 显示、5×10 点阵、8 位数据接口，且要求液晶开显示、光标不闪烁。请给出应写入的控制指令。

分析：完成题意要求需要设置显示设置指令和显示开关指令。根据表 8-17，可知需要设定 N=1、F=1、DL=1，因此显示设置指令应为 00111100B，即 3CH；需要设定 D=1、C=1 和 B=0，因此显示开关指令应为 00001110B，即 0EH。

3. 字符显示编程过程

实现字符的显示要经过以下过程。

(1) 初始化：在使用之前首先应对显示模式进行初始化，即写入显示方式设置指令、输入方式指令、显示开关指令、清屏指令等。

(2) 进行忙检测，如果空闲，写入显示地址。

(3) 进行忙检测，如果空闲，将数据写入显示存储器，系统自动将数据显示在液晶屏上。

4. 写操作时序

为使数据或指令能够被 LCD 正确接收，在写数据或指令时要遵守一定的时序要求，1602 型 LCD 的写操作应按照以下过程进行。

(1) 设置 RS。当 RS=0 时，读写指令；当 RS=1 时，读写数据。

(2) 设置读写控制端 RW。当 RW=0 时，写数据或指令；当 RW=1 时，读数据或指令。

(3) 将数据或指令送至数据线。

(4) 给使能端 E 正跳变，开始传送数据或指令。

(5) 给使能端 E 负跳变，开始显示数据或执行指令。

【例 8-13】　根据图 8-11 所示电路，编程实现 LCD 在第一行显示"HELLO WORLD"，第二行显示数字"1 2 3 4 5 6"。

参考程序如下：

```c
#include <reg51.h>        //包含单片机寄存器的头文件
#include <intrins.h>      //包含_nop_()函数定义的头文件
#define  uchar unsigned char
sbit RS= P2^2;
sbit RW = P2^1;
sbit E = P2^0;
uchar code dis1[] = {"HELLO  WORLD"};
uchar code dis2[] = {"1 2 3 4 5 6"};
void delay(uchar ms)     //延时
{
    uchar i;
    while(ms--)
    {
      for(i = 0; i< 250; i++)
      {
        _nop_(); _nop_();_nop_(); _nop_();  //延时 4 个机器周期
      }
    }
}
bit busy()   //检查是否忙碌
{
  bit result;
  RS = 0;
  RW = 1;
  E = 1;     // RS=0、RW=1、E=1 时，才允许读
  _nop_();_nop_();_nop_();_nop_(); //延时 4 个机器周期
  result = (bit)(P1 & 0x80);         //检测忙碌状态
  E = 0;
  return result;
}
void wcmd(uchar cmd)     //写命令
{
  while(busy());         //判断 LCD 是否忙碌
  RS = 0;
  RW = 0;                //RS 和 R/W 同时为低电平时，可以写入指令
  E = 0;                 //为使 E 正跳变，先置低电平
  _nop_(); _nop_();
  P1 = cmd;              //将命令送入 P1 口
  _nop_();_nop_(); _nop_(); _nop_();
```

```c
   E = 1;     //E 置高电平，产生正跳变，将指令写入液晶模块
   _nop_();_nop_();_nop_();_nop_();
   E = 0;
}
void pos(uchar y,uchar x)     //设置显示位置 y 行 x 列
{
    y &= 0x1;                       //最多两行，限制 y 范围为 0~1
    x &= 0xF;                       //每行最多 16 个字符，限制 x 范围为 0~15
    if (y==1)  x  |= 0xc0;         //当要显示第 2 行时地址码+0xc0
    if (y==0)  x  |= 0x80;         //当要显示第 1 行时地址码+0x80
    wcmd(x);                        //发送地址码
}
void wdat(uchar dat)          //写要显示的内容
{
   while(busy());                  //判断 LCD 是否忙碌
   RS = 1;
   RW = 0;
   E = 0;
   P1 = dat;
   _nop_();_nop_();_nop_();_nop_();
   E = 1;
   _nop_();_nop_(); _nop_(); _nop_();
   E = 0;
}
void init()        //初始化
{
   wcmd(0x3c);  //显示模式设置：16×2 显示，5×10 点阵，8 位数据接口
   delay(1);
   wcmd(0x0e);  //显示光标移动设置：显示开，有光标，光标不闪烁
   delay(1);
   wcmd(0x06);  //显示光标移动设置：光标右移，字符不移
   delay(1);
   wcmd(0x01);   //清屏
   delay(1);
}
void main(void)
{
   uchar i;
   init();        // 初始化 LCD
   delay(10);
   pos(0,0);      // 设置显示初始位置为第 1 行第 0 位
   i = 0;
   while(dis1[i] != '\0')
   {
    wdat(dis1[i]); //显示字符
    i++;
   }
   pos(1,0);      // 设置显示初始位置为第 2 行第 0 位
   i = 0;
   while(dis2[i] != '\0')
```

```
    {
      wdat(dis2[i]);// 显示字符
      i++;
    }
  while(1);
}
```

本 章 小 结

在单片机系统中，键盘是最常用的输入器件，一般分为独立式按键和矩阵式键盘两大类。独立式按键是指每个按键都占据一位独立的 I/O 端口。这种连线方式下各键相互独立，编程控制容易，但是占用端口线较多，只适用于按键数量很少的情况。当系统中所用按键较多时，常采用矩阵式键盘。单片机系统中所使用的键盘都是机械式的弹性按键，在按键闭合和弹起的瞬间都会出现瞬间的抖动，为保证一次按键仅被处理一次，必须消除按键抖动。

数码管是单片机系统中最常用的显示器件。通常数码是由 8 个发光二极管以一定的结构序列组合而成，当发光二极管的阳极为高电平、阴极为低电平时，发光二极管可以导通发光。控制数码管中不同组合的二极管亮灭，就可以显示不同的字形。

可编程键盘/显示器接口芯片 8279 可完成键盘输入和数码管显示控制功能。键盘部分提供扫描工作方式，可以接 64 键行列矩阵键盘，也可以与传感器阵列相连，能够自动去抖动，识别键盘上闭合键的键号，并具有多键同时按下保护功能。显示部分提供了按扫描方式工作的接口，可控制数码管显示 8 位和 16 位字符。

液晶显示器由液晶显示部分和控制器两部分组成，控制器通过控制液晶显示区的电压实现字符的显示。

思考与练习

1. 为什么要进行按键消抖？如何进行按键消抖？

2. 矩阵键盘按键的识别原理是什么？扫描键码方法有哪些？

3. 数码管的工作原理是什么？数码管有哪些类型？

4. 数码管的静态显示和动态显示有什么区别？各有什么优点、缺点？

5. 液晶显示器 LCD 字符显示编程过程是什么？

6. 液晶显示器 LCD 的写操作的过程是什么？

7. 要将 1602 型液晶显示模式设置为 16×1 显示、5×7 点阵、8 位数据接口，并要求液晶光标闪烁，请给出应写入的控制指令。

8. 就图 8-7 编写程序，实现间隔 0.5 s 循环流水显示数字 0~9。例如，开始显示 1 和 2，0.5 s 后变为 2 和 3，再过 0.5 s 变为 3 和 4……

9. 就图 8-7 编写程序，实现变速的"8"字循环，即以每个"8"字显示 20 ms 的速度循环 10 次。然后变为慢速，以每个"8"字显示 0.5 s 的速度循环 5 次。最后再变为 10 次快速循环，如此不断重复。

10. 设计单片机接 3×3 矩阵键盘、一位数码管的接口电路，并编程实现当按键 1~9 时数码管显示对应的键值。

11. 根据图 8-10 所示的接口电路编程。当有键按下时计算键值的累加值并送 LED 显示，显示为右入方式。

12. 根据图 8-11 所示的 LCD 接口电路编程。要求液晶显示器单行显示，由左起第 5 位开始显示字符 "HELLO!"。

第 9 章　前向通道接口技术

- 了解：前向通道的基础知识，以及 ADC0809 芯片的基本原理和结构。
- 理解：ADC0809 芯片的引脚功能和连接方法，学会应用前向通道接口电路设计和应用程序设计。

前向通道.wmv

本章主要介绍前向通道接口的基础知识，以及模/数转换芯片 ADC0809 与单片机的接口原理及编程控制等内容。

在单片机检测系统中，通常需要使用传感器检测被测对象信号。前向通道是被测对象信号输入单片机的通道，其结构形式取决于信号的类型和大小等因素。由于实际应用中所处理的信息大都是电压、电流等模拟量，而单片机只能处理数字量，因此需要将这些模拟量转换为数字量才能输入单片机处理，这些由模拟量转换为数字量的过程可通过模/数(A/D)转换芯片实现。本章在介绍前向通道基础知识的基础上，以数/模转换芯片 ADC0809 为例介绍前向通道接口技术。

9.1　前向通道概述

9.1.1　信号采集与处理

单片机应用系统经常需要测量压力、温度等非电量，这需要在前向通道中应用传感器实现信号拾取功能。传感器输出的信号通常可分为数字信号和模拟信号两种。数字信号输入通道结构比较简单，而模拟信号需要转换为数字信号才能输入单片机，其输入通道较为复杂。模拟信号通常包括电压信号和电流信号两种，二者的处理方式有所不同。

1. 电压信号

大信号模拟电压经过电平变换到 A/D 转换器输入范围，即可经 A/D 转换后送入单片机。对于小信号模拟电压信号，则需经放大电路进行放大和滤波，再经 A/D 转换后送入单片机。

2. 电流信号

当传感器所输出的电信号为电流信号时，则首先应转换为电压，再放大到能满足模数转换要求的输入电压。电流转换成电压最简单的电路就是一个精密电阻。对于标准的 0～10 mA 或 4～20 mA 的电流信号，选择合适的阻值就可以转换成满足 A/D 转换要求的电压信号，对于小电流信号还需经放大、滤波后才能送入 A/D 转换电路。

9.1.2 多路信号采集

实际的微机检测系统往往都需要同时测量多个物理量，因此多通道数据采集系统更为普遍。对于多路的模拟信号通常采用多路分时采集结构，即使用多路开关使多个输入源共用一片 A/D 转换器，如图 9-1 所示。

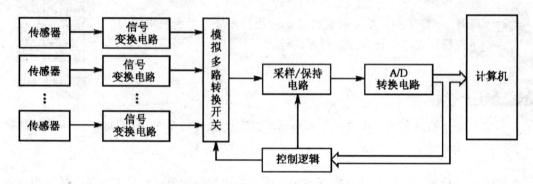

图 9-1　多路分时采集系统结构图

多路分时采集结构的多个信号经多路转换开关切换，进入共用的采样/保持电路和 A/D 转换电路，最后输入单片机。通过多路转换开关轮流选通会使各路通道之间产生时间偏斜，因此不适用于需要严格同步采集检测的多路信号系统，但在中低速微机检测系统中得到了广泛应用。

9.1.3 A/D 转换器

对于需要检测模拟信号的应用系统，A/D 转换是前向通道中的一个重要环节。A/D 转换是对模拟信号进行采样、量化和编码的过程，可由专用 A/D 转换芯片完成。A/D 转换器的主要参数有分辨率与分辨力、量化误差、转换精度、转换时间与转换速率等。

1. 分辨率与分辨力

分辨率是指芯片对输入信号的分辨能力。A/D 转换器将输入的模拟电压值转换成二进制数输出，其分辨率是指输出二进制数字信号的位数，位数越多，量化单位越小，分辨率也越高，如 ADC0809 具有 8 位分辨率、AD574A 具有 12 位分辨率。A/D 转换器的分辨力是指输入信号能够被识别的最小变化值，常用 LSB 表示。LSB 是二进制数最低有效位(the least significant bit)的英文缩写，即最低位所代表的量化值。如果 n 位 A/D 转换器的参考电压为 V_{REF}，则其分辨力为：

$$LSB = \frac{1}{2^n} V_{REF}$$

2. 量化误差

量化误差是 A/D 转换器用数字对模拟量进行离散量化而引起的误差，理论上等于一个单位分辨力，即 $\pm\dfrac{1}{2}$LSB。

3. 转换精度

转换精度是 A/D 转换器实际输出的数字量与理想输出数字量之间的相似程度，可表示为绝对误差和相对误差。为提高转换精度，除了采用高稳定性和高分辨率 A/D 转换器以减少量化误差和芯片质量导致的误差外，优化电路设计，尤其是提高参考电压源的稳定性和精度尤为重要。

4. 转换时间与转换速率

转换时间是完成一次转换所需要的时间；转换速率是转换时间的倒数。不同的 A/D 转换器有不同的转换速率。对于快速变化的被测量需要采用高速 A/D 转换器以提高采样频率，对于缓变量可以采用低速 A/D 转换器以较低的频率采样，从而降低成本、节约单片机的处理资源。

9.1.4　前向通道设计中的干扰防治

由于前向通道是系统干扰输入的主要渠道，因此对其抗干扰有较高的要求。系统抗干扰的主要方法是通过信号隔离把引进干扰的通道切断。常见信号隔离方式有光电隔离、脉冲变压器隔离、继电器隔离和布线隔离等。

1. 光电隔离

光电隔离是由光耦合器件来完成的，如图 9-2 所示。光耦合器输入端配置发光源，输出端配置受光器，因而输入和输出在电气上是完全隔离的。开关量信号输入光耦合器后，由于光耦合器的隔离作用，使夹杂在输入开关量中的各种干扰信号都被挡在输入回路的一侧。由于光耦合器输入和输出两侧的电信号不是直接耦合，而是以光为介质进行间接耦合，所以具有较高的电气隔离和抗干扰能力，应用较为广泛。

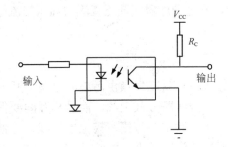

图 9-2　光电隔离原理图

2. 脉冲变压器隔离

脉冲变压器隔离是由磁电耦合器件来完成的，如图 9-3 所示。脉冲变压器的匝数较少，而且一次绕组和二次绕组分别绕于铁氧体磁芯的两侧，这种工艺使其分布电容很小，所以可作为脉冲信号的隔离元件。电路的外部信号经滤波电路和双向稳压管抑制噪声干扰，然后输入脉冲变压器的一次侧。为了防止过高的对称信号击穿电路元件，脉冲变压器的二次侧输出电压被稳压管限幅并整形后进入测控系统内部。脉冲变压器传递输入输出脉冲信号时，不传递直流分量，而数字量信号传输也不传递直流分量，因此脉冲变压器隔离在数字控制系统中也有较多的应用。

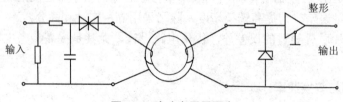

图 9-3　脉冲变压器隔离

3. 继电器隔离

继电器隔离，如图 9-4 所示。继电器的线圈和触点没有电气上的联系，可利用继电器的线圈接收信号，利用触点发送和输出开关量控制信号，从而避免强电和弱电信号之间的直接接触，实现抗干扰隔离。

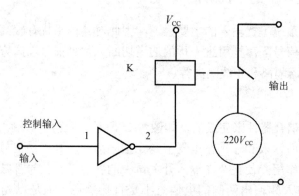

图 9-4　继电器隔离

在图 9-4 所示的电路中，通过继电器把低压直流与高压交流隔离开来，使高压交流侧的干扰无法进入低压直流侧。

4. 布线隔离

布线隔离是指将微弱信号电路与易产生噪声污染的电路分开布线，最基本的要求是信号线路必须和强电控制线路、电源线路分开走线，而且相互间要保持一定的距离。配线时应区分交流线、直流稳压电源线、数字信号线、模拟信号线、感性负载驱动线等，信号线要尽量远离高压线和动力线。配线间隔越大，配线越短，则噪声影响越小。实际设备的内外空间是有限的，配线间隔不可能太大，只要能维持最低限度的间隔距离即可。表 9-1 列出了信号线和动力线之间应保持的最小间距。如果受环境条件的限制，信号线不能与高压线和动力线距离足够远时，就需要考虑采用诸如信号线路接电容器等各种抑制电磁感应影响的措施。

表 9-1 动力线和信号线间的最小间距

动力线容量	与信号线的最小间距/m
120V、10A	0.30
250V、50A	0.45
440V、200A	0.60

9.2 A/D 转换芯片 ADC0809

A/D 转换芯片很多，根据转换原理可分为逐次逼近式、双积分式、并行式、计数式等。本节以 ADC0809 为例，介绍 A/D 转换芯片的接口电路设计及编程方法。

9.2.1 ADC0809 引脚功能

ADC0809 是一种逐次逼近式 A/D 转换器，具有 8 位分辨率，可实现 8 路模拟信号的分时采集，使用简单方便，应用广泛。ADC0809 引脚排列见图 9-5，按功能可分为 3 类。

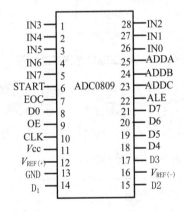

图 9-5 ADC0809 引脚排列图

1. 信号输入输出引脚

8 路模拟量输入引脚 IN0~IN7，转换后数字量输出引脚 D0~D7。

2. 时钟信号引脚

时钟信号的输入引脚 CLK。

3. 控制信号引脚

(1) 输入模拟量通道地址输入引脚 ADDA、ADDB、ADDC，用于选通 IN0~IN7 中的某一路信号。

(2) 地址锁存允许信号 ALE，用于通道地址的锁存。

(3) A/D 转换启动信号输入引脚 START，有效信号为一正脉冲，在脉冲上升沿，内部寄存器被清零，在其下降沿开始转换。

(4) A/D 转换结束信号输出引脚 EOC，当转换结束时，输出一正阶跃信号。

(5) 输出允许信号 OE，当 OE 输入高电平信号时，A/D 转换结果输出到引脚 D0～D7。

(6) 正负基准电压输入端 $V_{REF(+)}$ 及 $V_{REF(-)}$。

9.2.2　ADC0809 内部结构

图 9-6 为 ADC0809 内部结构，由三部分组成。

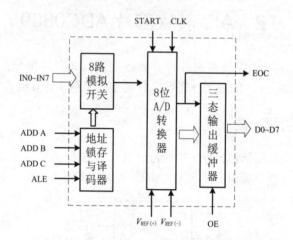

图 9-6　ADC0809 的内部结构图

第一部分包括 8 路模拟开关以及相应的通道地址锁存与译码电路，可以实现 8 路模拟信号的分时采集。表 9-2 是模拟输入通道选择表，3 个地址信号 ADDA、ADDB 和 ADDC 决定哪一路模拟信号被选中，并将其送入内部 A/D 转换器中进行转换。

表 9-2　8 路模拟输入通道寻址表

ADDC	ADDB	ADDA	输入通道
0	0	0	IN0
0	0	1	IN1
0	1	0	IN2
0	1	1	IN3
1	0	0	IN4
1	0	1	IN5
1	1	0	IN6
1	1	1	IN7

第二部分是逐次逼近式 8 位 A/D 转换器，将模拟开关送入的模拟量转换为数字量，送入输出缓冲器，并发出转换结束信号 EOC 向 CPU 发中断请求。

第三部分是三态数据输出缓冲器，用于暂存 A/D 转换完的数字量。单片机需要先给出高电平信号 OE 打开缓冲器才能取走数据。

9.2.3　ADC0809 与单片机的接口电路

图 9-7 是 ADC0809 与单片机的典型接口电路原理图。ADC0809 的 CLK 引脚需要输入 500 kHz 的时钟信号，可从单片机 ALE 引脚分频后得到，或采用定时器得到。当单片机处于非读写状态时，ALE 输出晶振 1/6 频率的正脉冲。若晶振频率为 12 MHZ，则 ALE 输出 2 HZ 正脉冲，再经四分频后可得所需 500 kHz 时钟信号。通常采用 P0 口低 3 位地址 A0～A2 分别作为 ADC0809 的地址信号 ADDA～ADDC。P2.7 起片选作用，当输出低电平时，允许 $\overline{WR}$ 和 $\overline{RD}$ 控制 START 和 OE 信号。若除 P2.7、P0.0~P0.2 外，其他地址线为 "1"，则 ADC0809 的 8 路通道 IN0~IN7 的地址分别为 7FF8H~7FFFH。当向 ADC0809 发送 "写" 指令后，单片机 ALE 下降沿信号经非门变为上升沿信号输入 ADC0809 的 ALE 引脚，将地址 ADDC、ADDB、ADDA 锁存，同时根据地址确定转换通道，将模拟量输入转换器。$\overline{WR}$ 与 P2.7 都为低电平，经或非门输出高电平，激发 START 信号启动转换。当转换完成后，EOC 输出正阶跃信号，经非门向单片机申请中断。当单片机响应中断向 ADC0809 发送 "读" 指令后，$\overline{RD}$ 与 P2.7 都为低电平，经或非门输出高电平打开 OE 门，三态输出锁存器将 A/D 转换结果输出到 D0~D7，并经 P0.0~P0.7 读入单片机。

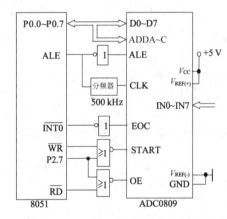

图 9-7　ADC0809 接口电路原理图

转换前的模拟量(V)和转换后的数字量(D)之间有以下关系：

$$V = \frac{D}{255} \times \left(V_{REF(+)} - V_{REF(-)}\right) + V_{REF(-)} \tag{9-1}$$

上式中 $V_{REF(+)}$ 和 $V_{REF(-)}$ 分别为正、负参考电压。

图 9-8 所示电路为单片机与 ADC0809 接口电路实例。需要注意的是，P0 口和 ADC0809 的输出 OUT 各引脚是逆序连接，即 P0.0~ P0.7 分别接 OUT8～OUT1。用 D 触发器芯片 74LS74 构成 4 分频器以得到 500 kHz 脉冲。由 P0.0、P0.1 和 P0.2 实现通道选择，由于模拟信号由 IN3 输入，因此由语句 XBYTE[0x7FFB]=0x00 可实现通道选择并启动转换。转换完成后由读语句 temp=XBYTE[0x7FFF]将转换后数据读入单片机，并由 P1 口上所接的 8 个 LED 显示。需要注意的是，读或写时都需要保证地址 P2.7 为低电平，当转换完成后由 EOC 发出正跳变信号经非门 74LS02 转换为负跳变信号输入外中断 INT0 申请中

断。由于按图中接线，当输出低电平时灯亮，为使当数字量为高电平时灯亮、低电平时灯灭，数字量在输出时按位取反。按图 9-8 中给出的参考电压数值，输入电压范围为 0~+5V，当输入电压 0V 时，转换后的值为 0x00；当输入电压+5V 时，转换后的数值为 0xFF，即十进制数 255。当输入电压+2.5V 时，根据式(9-1)，输出应为 127.5，取整后通过 LED 输出为 D=01111111B=127，代表模拟量电压为+2.49V，与实际输入电压相比较可知量化误差为 0.01V。

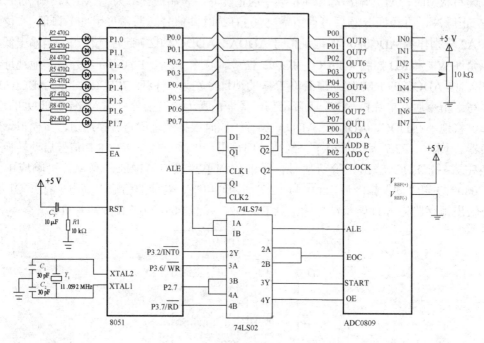

图 9-8 单片机与 ADC0809 的接口电路图

【**例 9-1**】 根据图 9-8 所示电路编写程序实现将 ADC0809 的 IN3 通道上输入的模拟量电压转换成数字量并送 P1 上 8 个 LED 显示。

示例程序如下：

```
#include <reg51.h>
#include<absacc.h>
bit EOC=0;                  //定义转换结束标志
int main(void)
{
    EA=1;                   //开总中断
    EX0=1;                  //开外中断 0
    IT0=1;                  //设置边沿触发方式
P1=0xFF;                    //关 8 个 LED
While(1)
{
    XBYTE[0x7FFB]=0x00;     //设定通道 IN3，并启动转换
    While(!EOC);
    EOC=0;
}
```

```
}

void int0() interrupt 0
{
    temp=XBYTE[0x7FFF];        //读出转换结果
    P1= ~temp;                 //数字按位取反后送 LED 显示
    EOC=1;                     //转换结束标志置位
}
```

另外，也可以采用定时器生成脉冲方式以省略用作分频器的芯片 74LS74，如图 9-9 所示。

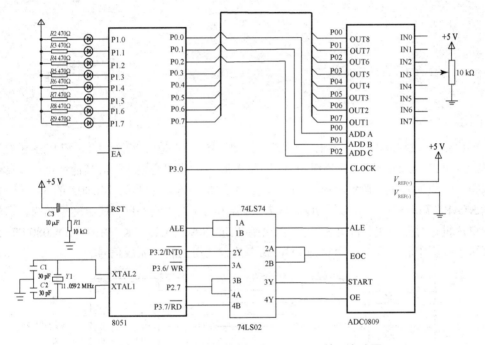

图 9-9 使用定时器产生脉冲的 ADC0809 接口电路图

【例 9-2】 根据图 9-9 所示电路，采用外中断触发方式编写程序实现将 ADC0809 第 IN3 通道上输入的模拟量电压转换成数字量并送 P1 上 8 个 LED 显示。

参考代码如下：

```
#include <reg51.h>
#include<absacc.h>
sbit CLK=P3^0;
bit EOC= 0;
int main(void)
{
    unsigned char temp;
    TMOD=0x02;                 //设定定时器为工作方式 2
    EA=1;                      //开总中断
    ET0=1;                     //开 T0 中断
    TL0=255;                   //设 T0 初值
```

```
    TH0=255;                          //设 T0 初值
    TR0=1;                            //启动定时器
    P1=0xFF;                          //关 8 个 LED
    while(1)
    {
        XBYTE[0x7FFB]=0x00;           //设定通道 IN3，并启动转换
        while(!EOC);                  //等待转换结束信号
        temp=XBYTE[0x7FFF];           //读出转换结果
        P1= ~temp;                    //数字按位取反后送 LED 显示
        EOC=0;
    }
}
void int0() interrupt 0
{
    EOC=1;                            //转换结束标志置位
}
void time0() interrupt 1
{
    CLK=~CLK;                         //输出脉冲
}
```

单片机与 ADC0809 有多种接口形式。例如，图 9-10 是由 P2.7、P2.6 和 P2.5 进行通道选择。当 P2.7、P2.6 和 P2.5 分别为 0、1 和 1 时，可选中通道 IN3，其他地址位不影响通道选择，一般选为 1，地址为 0x7FFF。写信号引脚 P3.6 经或非门 74LS02 的 1A 和 1B 连接到 START 启动转换；读信号引脚 P3.7 经 2A 和 2B 连接到 OE 门读出转换结果。时钟信号由单片机定时器产生脉冲并由 P3.0 输出到 ADC0809 的 CLOCK。由于 ADC0809 的 EOC 没有接单片机中断，可以采用查询 EOC 状态的方式得到转换完成信号。

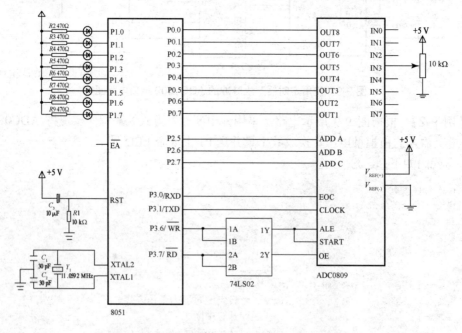

图 9-10　采用查询方式的 ADC0809 接口电路图

【例 9-3】　根据图 9-10 所示电路编写程序实现将 ADC0809 第 IN3 通道上输入的模拟量电压转换成数字量并送 P1 口上 8 个 LED 显示。

示例程序如下：

```
#include <reg51.h>
#include<absacc.h>
sbit EOC=P3^0;
sbit CLK=P3^1;
int main(void)
{
    unsigned char temp;
    TMOD=0x02;          //设定定时器为工作方式 2
    EA=1;               //开总中断
    ET0=1;              //开 T0 中断
    TL0=255;            //设 T0 初值
    TH0=255;            //设 T0 初值
    TR0=1;              //启动定时器
    P1=0xFF;            //关 8 个 LED
    while(1)
    {
        XBYTE[0x7FFF]=0x00;     //设定通道 IN3，并启动转换
        while(!EOC);            //等待转换结束信号
        temp=XBYTE[0xFFFF];     //读出转换结果
        P1=  ~temp;             //数字按位取反后送 LED 显示
    }
}
void time0() interrupt 1
{
    CLK=~CLK;               //输出脉冲
}
```

本 章 小 结

前向通道是被测对象信号输入单片机的通道，其结构形式取决于信号的类型和大小等因素。由于前向通道是系统干扰输入的主要渠道，因此对其抗干扰有较高的要求。系统抗干扰的主要方法是通过信号隔离把引进干扰的通道切断。常见信号隔离方式有光电隔离、脉冲变压器隔离、继电器隔离和布线隔离等。

实际应用中所处理的信息大都是电压、电流、温度等模拟量，而单片机只能处理数字量，因此需要在模拟量和数字量之间进行转换。由模拟量转换为数字量可由 A/D 转换芯片实现。A/D 转换的过程是对模拟信号进行采样、量化和编码的过程，可由专用 A/D 转换芯片完成。评价 A/D 转换芯片性能的指标主要包括转换时间、分辨率和转换精度。A/D 转换芯片很多，根据转换原理可分为逐次逼近式、双积分式、并行式、计数式等。ADC0809 是一种逐次逼近式 A/D 转换器，具有 8 位分辨率，可实现 8 路模拟信号的分时采集，使用简单方便，应用广泛。

思考与练习

1. 说明 A/D 转换器的作用。

2. 说明 ADC0809 与单片机的连接方法，以及应用 ADC0809 进行模数转换的过程。

3. 根据图 9-8 所示的接口电路，编写每间隔 10 s 采集一次数据，共采集 100 个数据的程序。

4. 设计巡回检测系统，实现 8 路模拟量的巡回检测，采样周期为 1 s。

第 10 章　后向通道接口技术

- 了解：后向通道的功能与结构、常用开关及隔离器件及 DAC0832 芯片的基本原理和结构。
- 应用：学会后向通道接口电路设计和应用程序设计。

本章主要介绍后向通道中的器件以及 A/D 转换芯片接口技术。

在工业控制系统中，单片机通过后向通道对控制对象进行控制。后向通道是指单片机与被控制对象的接口电路，即单片机控制外部设备的通道。

10.1　后向通道的功能与结构

1. 后向通道的功能

后向通道通常需要解决的问题有 A/D 转换、功率驱动及干扰防治等问题。

(1) A/D 转换。由于实际应用中的外部设备通常需要输入电压、电流等模拟量，而单片机只能输出数字量，因此需要通过接口芯片将这些数字量转换为模拟量，这些转换过程可由 D/A 转换芯片实现。

后向通道接口电路.wmv

(2) 功率驱动。单片机是小信号输出，没有驱动能力，当需要控制功率器件时需要进行功率放大，以保证器件按要求可靠导通、关断或运行。

(3) 干扰防治。当单片机控制电动机等感性功率器件时，这些器件在开断电的瞬间会产生 3～5 倍大的感应电压。如果没有隔离，会造成单片机功能异常甚至击穿损坏，因此需要采用信号隔离、电源隔离等方法进行干扰防治。

2. 后向通道的结构

后向通道的结构如图 10-1 所示。单片机在完成控制处理后，将以开关量、二进制数字量或频率量的形式输出，并通过光电隔离、信号转换及功率驱动等环节实现对各种被控对象的控制。

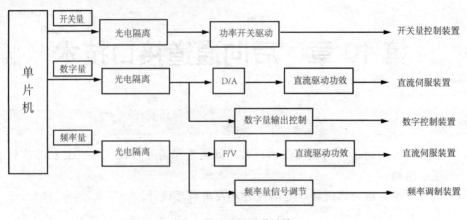

图 10-1　后向通道结构

10.2　开关、隔离及基准电压源电路

1. 功率开关接口电路

在单片机应用系统中，开关量都是通过单片机的 I/O 端口或扩展 I/O 端口输出的。这些 I/O 端口的驱动能力有限，为了实现较大功率开关量控制，通常需要使用功率开关接口器件。常见的功率开关接口器件有功率开关驱动电路和继电器两类。

1)　功率开关驱动电路

(1) 功率晶体管驱动。当晶体管用作开关元件时，其输出电流为输入电流乘以晶体管的增益，驱动电流可达 800 mA，击穿电压小于 60 V，典型正向电流增益为 30。如图 10-2 所示，当 TTL 集电极开路门关断时，晶体管基极电压为 5 V，从而使晶体管导通，基极电流为 $I_a = 5/300 \approx 17\ \text{mA}$，因此可导通 500 mA 负载电流。当 TTL 集电极开路门导通时晶体管基极电压为 0，从而使晶体管关断。

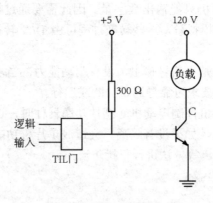

图 10-2　晶体管驱动电路

(2) 达林顿驱动电路。达林顿晶体管由两个晶体管构成，如图 10-3 所示。这种结构形式具有高输入阻抗和高电流增益，使用时可以把达林顿管看成一个具有高电流放大倍数的三极管，放大倍数是两个三极管放大倍数的乘积。达林顿管具有增益高、开关速度快、

稳定性好等优点，在低频功率放大电路、开关式稳压电路及功率驱动电路中得到较广泛的应用。

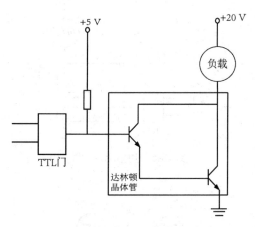

图 10-3　达林顿驱动器

(3)　晶闸管驱动电路。晶闸管整流器是一种三端固态器件，其阳极相当于晶体管的集电极，阴极相当于发射极，门控极相当于基极。晶闸管整流器只工作在导通或截止状态，故可作为开关器件。使晶闸管整流器导通只需要极小的驱动电流，一般输出负载电流和输入驱动电流之比大于 1000，一旦导通就无法截止，只能切断负载电流。交流电在每半个周期过零一次，可以使晶闸管截止，因此晶闸管驱动器在交流功率开关电路中得到广泛应用。为防止交流负载的干扰，晶闸管驱动器在实际应用中需要采用光耦合等隔离措施，如图 10-4 所示。

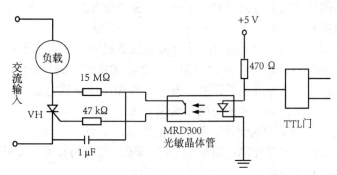

图 10-4　光隔离晶闸管

(4)　功率场效应管(VMOS)。功率场效应管也是类似于晶体管的器件，但其是电压驱动型元件，驱动电流小，输出电流大，开关频率高。功率场效应管电路如图 10-5 所示。

2)　继电器

(1)　机械继电器。

应用最广泛的机械继电器是簧式继电器。簧式继电器由一个线圈和两个磁性簧片组成。当线圈通电时，产生磁场，受磁场作用，两个簧片相接而导通。这种簧式继电器控制电流较小，而簧式触点可开关较大电流。例如，控制线圈内阻为 380 Ω时，由 5 V 电源提供电流，则驱动电流为 13 mA，而簧片一般可流过 1 A 以上的电流。机械继电器控制电路如图 10-6 所示。

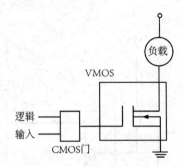

图 10-5　功率场效应管

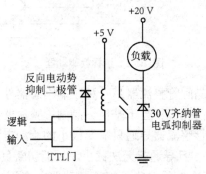

图 10-6　簧式继电器

触点两端的稳压管用来防止产生触点电弧。线圈上并接的二极管用来限制反向电路的产生。机械继电器的开关响应时间较长，使用时应考虑受开关响应时间的影响。

(2) 固态继电器。

固态继电器，又名固态开关(SSR)，是一种无触点通断功率型电子开关。当施加触发信号后其主回路呈导通状态，无信号时呈阻断状态，实现了控制回路(输入端)与负载回路(输出端)之间的电隔离。固态继电器无触点开关，因而比电磁继电器可靠、寿命长、抗干扰能力强、开关速度快，且对外界的电磁及噪声干扰小。

固态继电器通常是一个四端组件，两个为输入端，两个为输出端。它由输入电路、隔离部分和输出电路组成。常见控制电路如图 10-7 所示，图中的 S 可以是机械开关，也可以是继电器触点或电子开关电路。

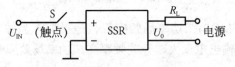

图 10-7　固态继电器输入控制方式

SSR 可以使用 NPN 和 PNP 晶体管直接控制其输入端子，如图 10-8(a)和图 10-8(b)所示。在图 10-8(a)电路中，PNP 型三极管低电平导通，因此 VT 通常打开，而 SSR 处于打开状态，出现脉冲时，SSR 关闭。在图 10-8(b)所示的电路中，NPN 晶体管高电平导通，因此在通常的电路中，VT 通常处于关闭状态，而 SSR 处于关闭状态。当有脉冲时，SSR 打开。

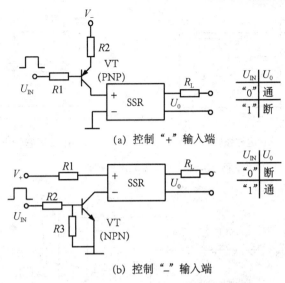

(a) 控制"+"输入端

(b) 控制"−"输入端

图 10-8　晶体管控制固态继电器输入

2. 信号隔离接口电路

在单片机应用系统中信号的隔离是非常重要的环节。光耦合器件能可靠地实现信号的隔离，并易构成各种功能状态，如隔离驱动、远距离传送等。因此，在各种应用系统中得到了广泛应用。

1)　信号隔离

普通型光耦合器件以发光二极管为输入端，光敏三极管为输出端，一般用在 100 kHz 以下的频率信号隔离中，如图 10-9(a)所示。高速光耦合器件的输出部分采用光敏二极管和高速开关管组成复合结构，有较快的响应速度，常用在高频信号隔离中，如图 10-9(b)所示。

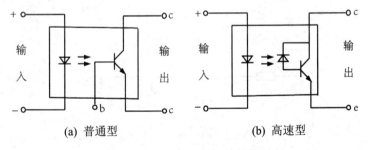

(a) 普通型　　　　　　　　　(b) 高速型

图 10-9　信号隔离用光耦合器件

2)　驱动隔离

达林顿输出光耦合器件如图 10-10(a)所示，用于较低功率的负载。光控晶闸管输出光耦合器件如图 10-10(b)所示，常用在交流大功率的隔离驱动中。

3)　远距离的隔离传送

当要远距离控制一受控对象时，采用光耦隔离传送十分方便，如图 10-11 所示。

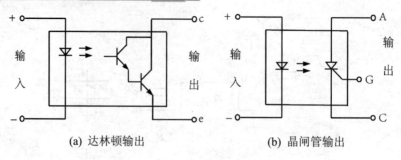

(a) 达林顿输出　　　　　　　(b) 晶闸管输出

图 10-10　驱动隔离用光耦合器件

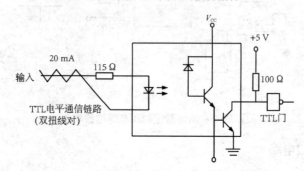

图 10-11　远距离的光耦隔离传送

3. 基准电压源电路

为了提高 D/A 转换精度，或改变输出模拟电压的范围和极性，经常需要配置基准电压源。德州仪器公司(TI)生产的 TL431 是一个有良好热稳定性能的三端可调分流基准源，其封装形式与塑封三极管 9013 等相同，因其性能好、价格低而广泛应用在各种电源电路中。TL431 的输出电压是 2.5 V，用 2 个电阻就可以实现 2.5～36 V 范围内的变化，其电路如图 10-12 所示。因 R_3 上的电压就是 TL431 的输出电压 2.5 V，因此电路输出电压可按下式计算：

$$U_0 = 2.5\left(1+\frac{R_2}{R_3}\right)$$

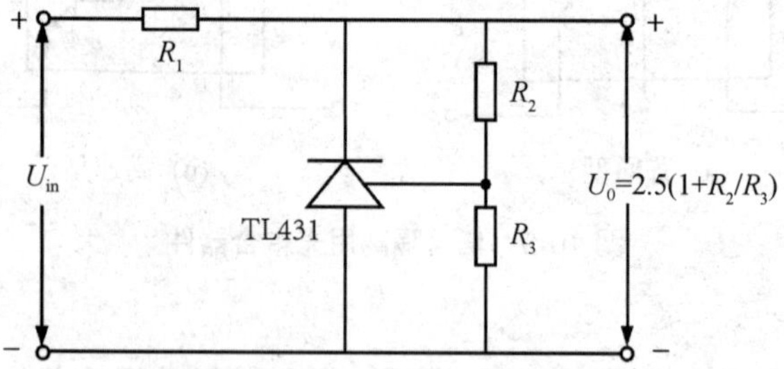

图 10-12　TL431 基准电压源电路

10.3　后向通道中的 D/A 转换

D/A 转换器，简称 DAC，它作用是实现单片机输出的二进制数字量至模拟量的线性转换。DAC 主要由数字寄存器、模拟电子开关、位权网络、求和运算放大器和基准电压源(或恒流源)组成。数字寄存器中存储数字量的各位数码，分别控制对应位的模拟电子开关，使数码为 1 的位在位权网络上产生与其位权成正比的电流值，再由运算放大器对各电流值求和，并转换成电压值。根据位权网络的不同，可以构成不

DA 转换.wmv

同类型的 DAC，如权电阻网络 DAC、R-$2R$ 倒 T 形电阻网络 DAC 和单值电流型网络 DAC 等。权电阻网络 DAC 的转换精度取决于基准电压 V_{REF}，以及模拟电子开关、运算放大器和各权电阻值的精度。它的缺点是各权电阻的阻值都不相同，难以保证精度。R-2R 倒 T 形电阻网络 DAC 由若干个相同的 R、$2R$ 网络节组成，每节对应一个输入位。节与节之间串接成倒 T 形网络。R-$2R$ 倒 T 形电阻网络 DAC 工作速度较快、应用较多。和权电阻网络相比，它只有 R、$2R$ 两种阻值，从而克服了权电阻阻值多且阻值差别大的缺点。电流型 DAC 则是将恒流源切换到电阻网络中，恒流源内阻极大，相当于开路，所以电子开关等切换电路对它的转换精度影响小、转换精度较高；又因电子开关大多采用高速开关电路，使这种 DAC 可以实现高速转换。

D/A 转换器的主要特性指标包括以下几方面。

(1) 分辨率。分辨率是指输出模拟电压或电流的最小变化值。在实际应用中，通常用输入数字量的位数来表示分辨率大小。

(2) 线性度。线性度是指 D/A 转换的非线性误差，即输出的最大偏差与满刻度输出之比的百分数。

(3) 转换精度。转换精度是指 D/A 转换器实际输出电压与理论值存在的最大差距。要获得高精度的 D/A 转换结果，首先要保证选择有足够分辨率的 D/A 转换器。D/A 转换精度还与外接电路的配置有关，当外部电路器件或电源误差较大时，也会造成较大的 D/A 转换误差。

(4) 转换速度。D/A 转换速度由 D/A 建立时间衡量。建立时间是指从输入由全 0 变为全 1，并且达到稳定输出的总时间，它是 DAC 的最大响应时间，可以衡量转换速度的快慢。

DAC0832 是一种应用广泛的倒 T 形电阻网络位 D/A 转换芯片。下面将以 DAC0832 为例介绍 DAC 接口技术。

10.3.1　DAC0832 引脚功能

DAC0832 是 20 引脚的双列直插式芯片，如图 10-13 所示，其引脚功能如下。

1. 输入输出信号引脚

(1) D0~D7：数字输入量。

(2) Iout1：模拟电流输出 1 引脚。当 DAC 寄存器中全为 1 时，输出电流最大；当

DAC 寄存器中全为 0 时，输出电流为 0。

(3) Iout2：模拟电流输出 2 引脚，Iout1+Iout2=常数，单极性输出时 Iout2 通常接地。

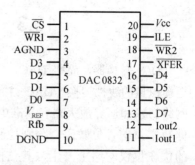

图 10-13　DAC0832 的引脚排列图

2. 控制信号引脚

(1) $\overline{CS}$：片选信号引脚，低电平有效。

(2) ILE：数据输入锁存允许信号，高电平有效。

(3) $\overline{WR_1}$、$\overline{WR_2}$：写命令控制引脚，低电平有效。当 $\overline{WR_1}$ 有效时，第 1 级 8 位数据锁存器打开，单片机的数字量可以写入；当 $\overline{WR_2}$ 有效时，第 2 级 8 位 DAC 寄存器打开，待进行 D/A 转换的数据进入其中。

(4) $\overline{XFER}$：数据传输控制引脚，低电平有效。

(5) R_{fb}：反馈电阻引出脚。DAC0832 内部有反馈电阻 R_{fb}，可以接到外部运算放大器的输出端，相当于将反馈电阻接在运算放大器的输入端和输出端之间。

(6) V_{REF}：基准电压输入，电压范围为-10~+10 V。

3. 电源引脚

(1) V_{CC}：电源引脚，可接入电压范围为+5~+15 V。

(2) AGND 和 DGND：模拟电路接地引脚和数字电路接地引脚，一般情况下可接同一个地。

10.3.2　DAC0832 内部结构

图 10-14 是 DAC0832 的内部结构，主要包括一个 8 位输入寄存器、一个 8 位 DAC 寄存器和一个 8 位 D/A 转换器三部分，数据需要经过两级锁存器才能进入转换器转换。两级锁存器都受控于信号 $\overline{LE}$。当 $\overline{LE}=0$ 时，数据锁存在寄存器中，不随输入数据的变化而变化；当 $\overline{LE}=1$ 时，寄存器的输出随输入而变化。

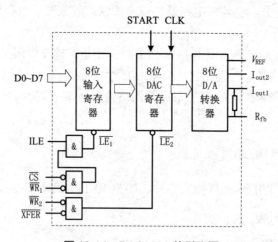

图 10-14　DAC0832 的引脚图

10.3.3　DAC0832 与单片机的接口电路

　　DAC0832 常用两种工作方式，即单缓冲方式和双缓冲方式。单缓冲方式是指 DAC0832 芯片的第一级缓冲器受到单片机控制，而第二级缓冲器处于直通状态，此时只需一次写操作就可以完成转换并输出，如图 10-15 所示。双缓冲方式是指两级缓冲器都受到单片机控制，这种连接方式通常应用于多片 DAC0832 同步开始转换并输出时，此时预先分别将待转换数据锁存到各片的第一级缓冲寄存器中，在需要时只需同时将这些芯片的 $\overline{\text{XFER}}$ 和 $\overline{\text{WR}_2}$ 置为低电平，即可同时开始转换并输出，如图 10-16 所示。

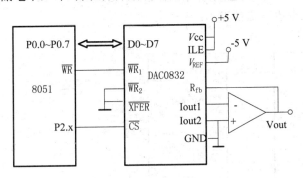

图 10-15　单缓冲接口方式

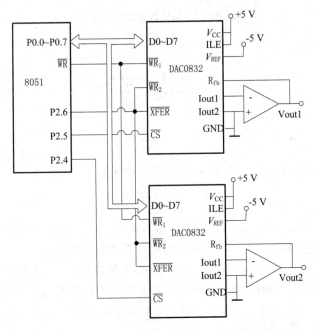

图 10-16　双缓冲接口方式

　　由于 DAC0832 输出的是电流，实际应用时一般需要转换为电压输出。DAC0832 的输出有单极性输出和双极性输出两种形式。

1. 单极性输出

单极性输出方式是使用一个运算放大器将输出电流模拟量转换为电压模拟量输出，而输出的电压值范围是 $0 \sim V_{REF}$，只有一种极性。如图 10-15 和图 10-16 都是单极性输出方式，输出模拟量 V_{out} 与被转换数字量 D 的关系为：

$$V_{out} = -\frac{D}{256}V_{REF}$$

2. 双极性输出

图 10-17 是双极性输出的连接方式。采用两个运算放大器构成比例求和电路，通过电平移动使单极性输出变为双极性输出。

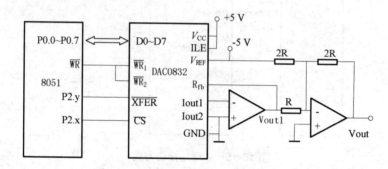

图 10-17   双极性输出连接方式

由于

$$V_{out} = -\left(\frac{R_3}{R_2}V_{out1} + \frac{R_3}{R_1}V_{REF} \right)$$

又因为

$$V_{out1} = -\frac{D}{256}V_{REF}$$

所以，输出模拟量 V_{out2} 与被转换的数字量 D 的关系为：

$$V_{out1} = \frac{D-128}{128}V_{REF}$$

其输出范围为$-V_{REF} \sim V_{REF}$，即实现了双极性输出。

【例 10-1】 根据图 10-18 所示电路图编程实现锯齿波输出。

分析：根据图 10-17 中的接线可知，DAC0832 的片选用 P2.7 控制，第一级缓冲寄存器的写 WR1 由单片机的 WR 控制，因此可采用向片外存储器写数据的方式将数字量写入 DAC0832 进行转换，由于担任高 8 位地址的 P2 端口除 P2.7 外其他各位未使用，因此编址时只要保证 P2.7 为低电平即可，WR1 的控制由访问片外存储器的写时序自动完成。

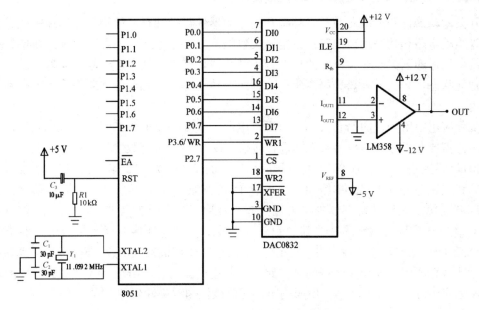

图 10-18　DAC0832 接口电路图

参考程序如下:

```c
#include<reg51.h>        //包含单片机寄存器的头文件
#include<absacc.h>       //包含对片外存储器地址进行操作的头文件
#define uchar unsigned char

void delay(uchar t)// 延时函数
{
    while(t--);
}
int main(void)
{
    uchar i;
    while(1)
    {
      for(i=0;i<255;i++)
      {
          delay(10);
          XBYTE[0x7fff]=i;
        //将数据 i 送入片外地址 07FFFH，即通过 P0 口将数据送入 DAC0832
      }
    }
}
```

本 章 小 结

后向通道是单片机控制外部设备的通道。后向通道需要解决 D/A 转换、功率驱动及干扰防治等问题。在实际的单片机应用系统中，大量使用的是开关型驱动控制器件，主要有功率开关驱动器件和继电器两类。功率开关驱动器件包括功率晶体管、达林顿驱动电路、晶闸管驱动电路和功率场效应管；继电器类包括簧式继电器和固态继电器等。在单片机应用系统中信号的隔离是非常重要的环节。光耦合器件能可靠地实现信号的隔离，并易构成各种功能状态，如信号隔离、隔离驱动、远距离传送等，因此在各种应用系统中得到了广泛应用。

实际应用中所处理的信息大都是电压、电流、温度等模拟量，而单片机只能处理数字量，因此需要在模拟量和数字量之间进行转换。D/A 转换是将数字信号转换成与之成正比的模拟量信号的过程。DAC0832 是一种应用广泛的 8 位 D/A 转换芯片，根据需要可用于单缓冲和双缓冲两种方式。单缓冲方式是指 DAC0832 芯片的第一级缓冲寄存器受到单片机控制，而第二级缓冲寄存器处于直通状态，此时只需一次写操作就可以完成转换并输出。双缓冲方式是指两级缓冲器都受到单片机控制，这种连接方式通常应用于要求多片 DAC0832 同步开始转换并输出时，此时分别对几片 DAC0832 进行写操作将数据锁存在第一级缓冲寄存器中，在需要时可同时开始转换并输出。另外，由于 DAC0832 输出的是电流，实际应用时一般需要转换为电压输出，有单极性和双极性两种形式。

思考与练习

1. 明 D/A 转换器的作用，并说明 DAC0832 的引脚功能。

2. 简述 DAC0832 的输出方式，以及输出电压和参考电压的关系。

3. 采用 DAC0832 进行 D/A 转换时，采用单缓冲型与双缓冲型两种接口方法有什么不同？

4. 编程实现由 DAC0832 输出三角波，即用 1 s 时间从 0 上升到最大值，再用 1 s 时间从最大值下降到 0，并不断重复。

5. 设计一个方波信号发生器，电压变化范围是 0~+5 V，频率为 5 kHz。

6. 编程实现用 8051 单片机和 DAC0832 转换器产生频率为 100 Hz、占空比为 2∶1(高电平的时间长)的波，即用 1 ms 时间从 0 上升到最大值，然后保持 1 s，再用 1 ms 时间从最大值下降到 0，保持 0.5 s，并不断重复。

第 11 章　新型串行接口

学习目标

- 了解：I^2C 总线、单总线、SPI 总线的基本原理和结构。
- 应用：学会单片机与 I^2C 总线、单总线、SPI 总线的接口
  电路设计和相应程序设计。

串行接口芯片.wmv

本章主要介绍单片机串行接口芯片知识，包括 I^2C 总线、单总线、SPI 总线的原理与编程控制。

单片机采用并行方式与外设进行通信会占用较多端口，并且接口电路复杂烦琐。近年来，越来越多的器件采用了串行接口。与并行方式相比，串行接口具有占用资源少、接口电路简单灵活的优势。本章对一些常用的串行接口器件进行介绍。

11.1　I^2C 总线

内部集成电路总线(inter interface circuit，I^2C)是一种双向二线制同步串行总线，如图 11-1 所示，它只需要两根线便可实现连接总线上的器件和单片机之间以及器件与器件之间的相互通信。

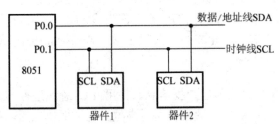

图 11-1　I^2C 总线示意图

I^2C 总线的接口线一般有两根：一根是串行时钟线 SCL；另一根是串行数据线 SDA。各种采用 I^2C 总线标准的器件均可并联在总线上，每个器件都有唯一的地址，器件和器件之间均可进行信息传送。当某个器件向总线上发送信息时，它就是发送器(也叫主控制器)，而当它从总线上接收信息时，它又是接收器(也叫从控制器)。发送器发出的信息分为器件地址码、器件单元地址和数据三个部分：器件地址码用于确定所访问的接收器，确定操作的类型(是发送信息还是接收信息)；器件单元地址用于选择器件内部的单元；数据则

是器件之间传输的信息。虽然多个器件都可以挂载在 I²C 总线上,但是任何时刻只有地址码相符的两个器件之间可以通信。

11.1.1 I²C 总线的数据传送

I²C 总线没有数据传送时,数据线 SDA 和时钟线 SCL 都呈现高电平。I²C 总线在进行数据传输时,SCL 为高电平期间,SDA 上的数据必须保持稳定,只有在 SCL 为低电平期间,SDA 电平状态才允许变化。根据 I²C 总线协议的规定,总线上数据传送的信号由起始信号、终止信号、应答信号以及有效数据字节构成,如图 11-2 所示。

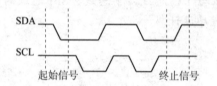

图 11-2 起始信号和终止信号

1. 起始信号

当发送器向接收器发送信息时,首先发送起始信号。起始信号是首先 SCL 保持高电平,然后 SDA 由高电平向低电平跳变(负跳变),最后 SCL 变为低电平开始传送数据。

2. 终止信号

当发送器停止发送信息时,发送终止信号。终止信号是首先 SCL 变为高电平,然后 SDA 由低电平向高电平跳变(正跳变),结束传送数据。

起始信号和终止信号都由发送器发出,发出起始信号后,总线就处于被占用的状态;当终止信号出现后,总线才重新处于空闲状态。

3. 应答信号

I²C 总线在每传送一个字节数据后都必须有应答信号以确定数据传送是否正确。发送器首先释放 SDA 线,即将 SDA 变为高电平,然后将 SCL 变为低电平等待应答,如果作为接收方的接收器向 SDA 输出低电平表示接收正常,若保持高电平则表示异常。

4. 数据字节的传送

起始信号和终止信号之间传送数据信息。使用 I²C 总线进行数据传送时,字节数目没有限制,字节长度必须为 8 位。数据传送时高位在前、低位在后,且数据线 SDA 上每一位数据状态的改变只能发生在 SCL 为低电平期间。每传送一个数据字节之后都必须紧跟 1 位应答位。

当接收器接收到一个完整的字节后,如果不需要立即接收下一个字节,可将 SCL 拉成低电平,从而使发送器等待。当接收器做好接收数据的准备后,可使 SCL 变为高电平,从而又可以开始传送数据。

5. 器件地址码格式

器件地址码格式如图 11-3 所示。

D7	D6	D5	D4	D3	D2	D1	D0
A	A	A	A	B	B	B	R/W

图 11-3　器件地址码格式

其中，高 4 位(D7~D4)为 AAAA，是器件的类型，具有固定的定义，如 ERROM 为 1010。中间的 3 位(D3~D1)为 BBB，是片选信号，同类型的器件最多可以在 I^2C 总线上挂载 8 个。最后一位 D0 位为读写控制位，若 R/W=1 表明从总线读数据；R/W=0 表明向总线写数据。

11.1.2　I^2C 总线的读/写操作

1. 读操作

该操作从被选中的接收器的指定地址处读信息。发送器每次读操作写入的第 1 个字节是从器件的写地址码，写入的第 2 个字节是要访问的器件内部单元地址，并再次给出开始信号后在第 3 个字节写入从器件的读地址码，从第 4 个字节以后开始读数据信息。具体格式如图 11-4 所示，其中 S 代表起始信号，A 代表应答信号，P 代表终止信号。

| S | 器件地址码 R/W=0 | A | 单元地址 | A | S | 器件地址码 R/W=1 | A | 数据 | A | 数据 | A | P |

图 11-4　读操作

2. 写操作

该操作向被选中接收器的指定地址处写数据。发送器每次写信息的第 1 个字节必须是器件的地址码，第 2 个字节则是器件单元地址，从第 3 个字节以后开始传送数据信息。具体格式如图 11-5 所示。

| S | 器件地址码 R/W=0 | A | 单元地址 | A | 数据 | A | 数据 | A | P |

图 11-5　写操作

11.1.3　I^2C 总线器件与单片机的连接

以串行 E^2PROM 芯片 CAT24WC04 为例介绍 8051 单片机与 I^2C 总线的接口电路设计和程序控制。CAT24WC04 是美国 CATALYST 公司生产的串行 CMOS E^2PROM 芯片，支持 I^2C 总线数据传送协议，容量为 4KB。可以有两种写入方式：一种是字节写入方式；另一种是 16 B 数据的页写入方式。CAT24WC04 引脚如图 11-6 所示。

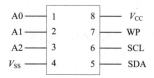

图 11-6　CAT24WC04 引脚

图 11-6 中各参数含义如下。

A0、A1、A2：器件地址输入引脚，用于设置器件地址。

SCL：I^2C 总线的时钟线。

SDA：I^2C 总线的数据线，是一个漏极开路端，因此使用时需要接上拉电阻。

WP：写保护引脚，如果该引脚接高电平，则该芯片只能读；若该引脚接低电平，则允许对器件进行读/写操作。

CAT24WC04 的器件地址共 8 位，高 4 位固定是 1010；中间 3 位是器件的片选地址或存储器页地址选择位，线选地址必须与 A0、A1、A2 引脚的硬件连线一致，I^2C 总线最多可以同时挂载 4 片 CAT24WC04；最后一位是读/写控制位，"1"表示对从器件进行读操作，"0"表示对器件进行写操作。

CAT24WC04 页写操作的启动与字节操作的启动基本一致，区别在于页写时字节连续传送，两字节中间并不产生终止信号。每发送一个字节数据之后，CAT24WC04 的内部地址加 1，如果在发送停止信号之前，发送器发送的数据超过一个页，则地址计数器将会自动翻转，致使先前写入的数据被覆盖。下面通过实例说明 8051 与 CAT24CW04 的接线与控制。

【例 11-1】 根据 8051 与 CAT24WC04 的接线(图 11-7)，编写程序实现先向 CAT24WC04 中 0x35 单元中写入字节"0x0f"，然后再读出送 8051 的 P0 口用 LED 进行显示。

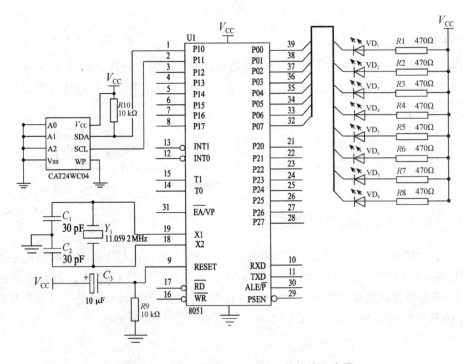

图 11-7 8051 与 CAT24WC04 的连线示意图

分析：8051 利用 P1.0 和 P1.1 与 CAT24WC04 相连，SDA 是一个漏极开路端，因此需要接上拉电阻。由于 CAT24WC04 的 3 根地址线都接地，所以该芯片的片选编码为 000，其器件地址码的高 7 位固定为 1010000，因此写的器件地址码为 0xa0，读的器件地址码为 0xa1。

控制程序如下：

```
#include <reg51.h>
#include <intrins.h>
#define uchar unsigned char
#define uint unsigned int
sbit SDA=P1^0;
sbit SCL=P1^1;
/*********************************************/
/*延时 n ms*/
/*入口参数：延时时间*/
/*********************************************/
void delay(uchar n)
 {
   uchar i,j,k;
     for(k=0;k<n;k++)
         for(i=0;i<50;i++)     //50 次循环执行完共延时 1 ms
             for(j=0;j<6;j++);  //每次循环延时(3×6+2) μs
 }
/*********************************************/
/*发送起始信号*/
/*********************************************/
void Start()
{
        SDA=1;
        _nop_();
        SCL=1;        //起始条件建立时间大于 4.7 μs
        _nop_();_nop_();_nop_();_nop_();_nop_();
        SDA=0;        //发送起始信号
        _nop_();_nop_();_nop_();_nop_();_nop_(); //起始信号锁定时间大于 4 μs
        SCL=0;        //钳住总线，准备数据的发送或接收
        _nop_();_nop_();
}
/*********************************************/
/*发送终止信号*/
/*********************************************/
void Stop()
{
        SDA=0;        //准备发送终止信号
        _nop_();
        SCL=1;        //发送终止信号的时钟信号
        _nop_();_nop_();_nop_();_nop_();_nop_(); //终止信号建立时间大于 4 μs
        SDA=1;        //发送终止信号
        _nop_();_nop_();_nop_();_nop_();
}
/*********************************************/
/*发送应答信号*/
/*********************************************/
```

```c
void ACK(bit b)
{
        if( b==0 )
            SDA=0;
        else
            SDA=1;
        _nop_();_nop_();_nop_();
        SCL=1;
        _nop_();_nop_();_nop_();_nop_();
        SCL=0;
        _nop_();_nop_();
}
/**********************************************/
/*发送一个字节数据*/
/*入口参数: 待写数据*/
/*返回值: 1--成功, 0--失败*/
/**********************************************/
bit Writebyte(uchar dat)
{
        uchar i;
        bit ack;
        for(i=0;i<8;i++)                //循环传送 8 位数据
        {
            if( (dat<<i)&0x80 ) //左移一位, 取最高位发送
                SDA=1;
            else
                SDA=0;
            _nop_();
            SCL=1;
            _nop_();_nop_();_nop_();_nop_();
            SCL=0;
        }
        _nop_();_nop_();
        SDA=1;                //数据发送完毕后, 准备发送应答信号
        _nop_();_nop_();
        SCL=1;
        _nop_();_nop_();_nop_();
        if( SDA==1 )      //如果接收到了应答信号, ACK=1;否则 ACK=0
            ack =0;
        else
            ack =1;
        SCL=0;
        _nop_();_nop_();
    return ack;
}
/**********************************************/
/*接收一个字节数据*/
/**********************************************/
unsigned char Readbyte()
{
    uchar temp=0;
```

```
    uchar i;
    SDA=1;  //设置数据线输入
    for(i=0;i<8;i++)
        {
            _nop_();
            SCL=0;                  //设置时钟信号为0，准备接收数据
            _nop_();_nop_();_nop_();_nop_();_nop_();
            SCL=1;                  //设置时钟信号为1，从而数据线上的数据有效
            _nop_();_nop_();
            temp=temp<<1;    //接收数据，一位一位地拼接到 temp 变量中
            if(SDA==1)
                temp=temp|1;
            _nop_();_nop_();
        }
        _nop_();_nop_();
    return temp;            //返回数据
}
/**********************************************/
/*指定地址写数据操作*/
/*入口参数：器件地址码、器件单元地址、待写数据、数据个数*/
/*返回值：1--成功，0--失败*/
/**********************************************/
bit Writestr(uchar sl_adr,uchar sl_unitadr,uchar *s,uchar no)
{
        uchar i;
        bit ack;
        Start();                    //发送起始信号
        ack = Writebyte(sl_adr);    //发送器件地址码
        if( ack ==0 )
            return 0;               //如果无应答，返回
        ack = Writebyte(sl_unitadr); //发送器件的单元地址
        if( ack==0 )return 0;
        for(i=0;i<no;i++)           //逐个发送 no 个字节数据
        {
            ack = Writebyte(*s);    //发送数据
            if( ack ==0 )return 0;
            s++;//指向下一个待发送数据
        }
        Stop();//发送终止信号
        delay(5); //数据写入时间大于 4 ms
        return 1;
}
/**********************************************/
/*指定地址读数据操作*/
/*入口参数：器件地址码、器件单元地址、待写数据、数据个数*/
/*返回值：1--成功，0--失败*/
/**********************************************/
bit Readstr(uchar sl_adr,uchar sl_unitadr,uchar *s,uchar no)
{
        uchar i;
```

```
    bit ack;
    Start();      //发送起始信号
    ack = Writebyte(sl_adr&0xfe);   //发送写器件地址码
    if( ACK==0 )return 0;           //如果无应答，返回
    ack = Writebyte(sl_unitadr);    //发送器件的单元地址
    if( ack ==0 )return 0;
    Start();
    ack = Writebyte(sl_adr);        //发送读器件地址码
    if( ack ==0 )return 0;          //如果无应答，返回
    for(i=0;i<no-1;i++)             //读取数据
    {
        *s=Readbyte();
        ACK(0);  //连续读两个字节之间应发送应答信号
        s++;
    }
    *s=Readbyte();
    ACK(1);
    Stop();
    return 1;
}

int main(void)
{
    uchar i =0x0f;
    uchar j;
    Writestr(0xa0,0x35,&i,1);   //写数据
    Readstr(0xa1,0x35,&j,1);    //读数据
    P0=j;        //送 P0 口显示
    while(1);
}
```

11.2　单总线器件

单总线是由美国达拉斯半导体公司(DALLAS)推出的外围扩展总线，具有占用 I/O 资源少、硬件电路简单等优点。单总线将数据线、地址线、控制线合为一根信号线，并且允许在该线上挂载多个单总线器件。单总线接口的外部器件通过一个漏极开路的三态端口连接到总线上，可使这些器件分时利用总线与单片机通信，如图 11-8 所示。

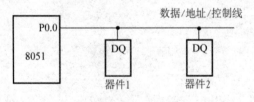

图 11-8　总线示意图

单总线的工作过程如下。

1. 初始化

单总线上所有的数据传输都是从初始化开始的，初始化操作由主器件(通常是单片机)发出一个复位脉冲，当从器件接收到复位脉冲后发出应答信号，表明已做好工作准备。

2. 识别从器件

单总线上允许挂载多个从器件，主器件根据从器件出厂前已固化好的序列号识别各从器件。

3. 数据传输

单片机与单总线器件之间按通信协议进行数据传输。通信协议定义了复位信号、应答信号、读写 0 和 1 等几种基本信号类型，并由这些基本的信号类型组成所有的单总线命令序列信号。下面以单总线器件数字温度传感器 DS18B20 为例，介绍单总线器件的编程和控制方法。

11.2.1　数字温度传感器 DS18B20 简介

DS18B20 是单总线数字温度传感器，具有性能高、体积小、功耗低、抗干扰能力强等优点，可直接将温度转换成串行数字信号，无须信号放大、A/D 转换等外围电路，因此具有电路设计简单、占用单片机引脚少、应用灵活方便等优点。DS18B20 测得的每个数字量对应的最小温度为 0.062 5 ℃，测温范围在-55~+125 ℃之间，适用于控制、监测等工业应用，也适用于民用电子产品中需要测量温度的场合。

DS18B20 引脚如图 11-9 所示，其中 DQ 是信号输入/输出 (I/O)线，V_{CC} 和 GND 分别接电源输入和电源地。

DS18B20 内部结构主要由数据接口、内部 ROM、高速缓存、温度传感器等部分组成，如图 11-10 所示。ROM 共有 64 位的空间，包括 8 位产品种类编号、48 位产品序列号、8 位 CRC 校验位。DS18B20 的产品种类编号为 0x28，用于与其他单

图 11-9　DS18B20 引脚

总线器件区分；48 位产品序列号是在同类芯片中标识其自身的编号，保证每片挂接在单总线上的 DS18B20 都能够被单片机区分。

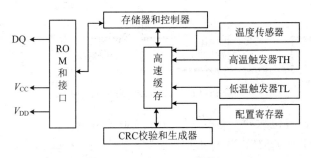

图 11-10　DS18B20 结构

温度传感器将温度转化成 16 位的数据，存放在高速缓存中，其数据结构如表 11-1 所示，高 8 位的前 5 位是符号位，当测得的温度大于或等于 0 时，符号位为 0；如果温度小

于 0，则符号位为 1。

表 11-1 DS18B20 温度数据结构表

位	B7	B6	B5	B4	B3	B2	B1	B0
高 8 位	0/1	0/1	0/1	0/1	0/1	2^6	2^5	2^4
低 8 位	2^3	2^2	2^1	2^0	2^{-1}	2^{-2}	2^{-3}	2^{-4}

根据单总线协议，使用 DS18B20 进行温度采集主要分为以下几个步骤。

（1）初始化。单总线上所有的处理命令均从初始化开始，由单片机发出复位脉冲，DS18B20 接收到后向单片机发出响应脉冲，表示已准备就绪。

（2）识别。当单总线上挂接多个 DS18B20 或其他单总线器件时，需要读出每个传感器的序列号，以识别目标器件。如果单总线上只有 1 个 DS18B20，则可以跳过读序列号。

（3）数据传输。根据单片机的指令，DS18B20 把采集的模拟温度转换为 2 B 的数字量，并通过单总线传输到单片机。

（4）数据分析。当单片机接收到 DS18B20 传来的数据后需要进行转换才能得到实际温度。如果测得的温度大于或等于 0，只要将测到的数值除以 16 即可得到实际温度值；如果测得的温度小于 0，则将测得的数值取反并加 1 后除以 16 可得到实际温度。例如，若数字量为 07D0H(十进制 2000)，则实际温度=(2000/16)=125 ℃；若数字量为 FE6FH，由符号位可知温度为负，对其取反加 1 后得到 0191H(十进制 401)，则温度为=-401/16=-25.0625 ℃。此外，还可以用二进制高字节的低半字节和低字节的高半字节组成一个字节，这个字节的二进制转换为十进制后，就是温度值的百、十、个位值，而剩下的低字节的低半字节转化成十进制并除以 16 后，就是温度值的小数部分。

11.2.2 DS18B20 工作时序

1. 初始化时序

DS18B20 初始化时序如图 11-11 所示，其中粗实线是总线由单片机控制，虚线是总线由 DS18B20 控制。

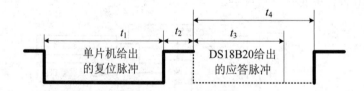

图 11-11 DS18B20 初始化时序

单片机首先给出复位脉冲，即将总线拉低 480~960 μs(图中 t_1)，之后拉高总线，等待 DS18B20 的应答脉冲；DS18B20 检测到复位脉冲并等待 15~60 μs(图中 t_2)后，发出应答脉冲，即拉低总线 60~240 μs(图中 t_3)。在此阶段，单片机应检测总线状态，如果检测到低电平则初始化成功；否则初始化失败。为不影响下一步的操作，应留给 DS18B20 控制总线时间最少 480 μs(图中 t_4)，然后再拉高总线，至此初始化时序完毕，等待进入下一时序。

2. 写时序

图 11-12 和图 11-13 分别是单片机向 DS18B20 写"0"和写"1"时序。单片机首先拉低总线发出"写"信号，然后在 15 μs 内(图中 t_1)给出低电平(写"0")或高电平(写"1")，而 DS18B20 检测到"写"信号后会在其后的 15～60 μs 时间段内(图中 t_2)检测总线状态。如果总线为低电平，则向 DS18B20 写入"0"；如果总线为高电平，则向 DS18B20 写入"1"。写时序至少应持续 60 μs(两图中的 t_1+t_2)，相邻两个写时序之间至少应有 1 μs 的恢复时间。

图 11-12 写"0"时序　　　　　　图 11-13 写"1"时序

3. 读时序

图 11-14 和图 11-15 分别是单片机从 DS18B20 读"0"和读"1"时序。单片机首先发出"读"信号，即拉低总线并持续至少 1 μs 后再拉高总线(图中 t_1 部分)，此后等待 DS18B20 响应，并准备检测总线状态；DS18B20 接收到"读"信号后送出数据，当送出"0"时，DS18B20 拉低总线，如图 11-14 中虚线所示；当送出"1"时，DS18B20 拉高电平，如图 11-15 中虚线所示。DS18B20 送出的数据应保持到从单片机发出下降沿起约 15 μs(图中 t_1+t_2)的时间，单片机检测总线要在此阶段完成，此后 DS18B20 释放总线，由上拉电阻将总线拉高。读时序后应等待一段时间(图中 t_3)再进行其他读写时序，使本次"读"时序总时间($t_1+t_2+t_3$)至少达到 60 μs，避免对下一步的操作带来影响。

图 11-14 读"0"时序　　　　　　图 11-15 读"1"时序

11.2.3　DS18B20 与单片机的接口及编程

单片机与 DS18B20 的连接非常简单，DS18B20 只需占用单片机一个 I/O 端口即可利用单总线 DQ 与单片机交换信息，完成温度采集。由于外部器件通过漏极开路的三态端口连接到单总线，所以单总线必须接上拉电阻。下面通过实例介绍 DS18B20 与单片机的接口方法及编程。

【例 11-2】 用 8051 与 DS18B20 温度传感器进行温度采集的硬件原理如图 11-16 所示，测温范围为-50℃～50℃，编写相关的控制程序。

分析：从图中可知，通过温度传感器 DS18B20 可以将温度采集后的数字量经 P1.0 口传给单片机，单片机经相应的处理后经 8255A 用数码管进行动态显示。由于数码管仅有 3 位，因此用 LED1 显示符号，用 LED2 和 LED3 显示个位和十位，小数部分进行四舍五入到整数位。

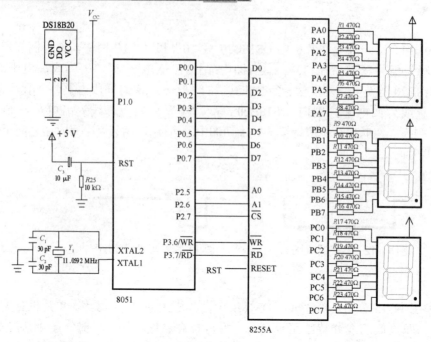

图 11-16　单片机与 DS18B20 接口原理图

程序代码如下:

```
#include <reg51.h>
#include  <absacc.h>
#include<intrins.h>//_nop_()的定义头文件
#define  PORT_A XBYTE[0x1FFF]    //A15=0，A14A13=00
#define  PORT_B XBYTE[0x3FFF]     //A15=0，A14A13=01
#define  PORT_C XBYTE[0x5FFF]     //A15=0，A14A13=10
#define  PORT_CTL XBYTE[0x7CFF]  //A15=0，A14A13=11
#define  uchar unsigned char
#define  uint  unsigned int
sbit DQ=P1^0;//ds18b20 端口
uint temp;
uchar flag_scan,count;//全局变量
uchar code tab[]={0xc0,0xf9,0xa4,0xb0,0x99,0x92,0x82,0xf8,0x80,0x90};
                                          //7 段数码管段码表共阳
uchar  str[3];
uint ReadTemperature(void);
uchar InitDS18B20(void);
uchar ReadChar(void);
void WriteChar(uchar dat);
void delay(uint i);

int main(void)//主函数
{
    uchar TempH,TempL;
    PORT_CTL=0x80;//设定 A、B 两组工作在方式 0，A、B、C 都为输出
```

```
    TMOD|=0x01;//定时器设置
    TH0=(65536-46083)/255;  //高 8 位赋值
    TL0=(65536-46083)%255;  //低 8 位赋值
    IE=0x82;//IE=1000 0010B, 即 ET0=1; EA=1, 开总中断和 T0 中断
    TR0=1;
    P2=0x00;
    count=0;
    str[0]=0xff;
    while(1)
    {
      if(flag_scan==1)        //定时读取当前温度
      {
        flag_scan=0;
        temp=ReadTemperature();

          if(temp&0x8000)
          {
              str[0]=0x3f;    //负号标志
              temp=~temp;     //取反加 1
              temp +=1;
          }
          else
              str[0]=0xC0;
          TempH=temp>>4;
          TempL=temp&0x0F;
          TempL=TempL*10/16+0.5;     //小数近似处理
          if(TempL >4)TempH=TempH+1;  //小数四舍五入

          str[1]=tab[(TempH%100)/10]; //去掉百位温度, 取十位温度
          str[2]=tab[(TempH%100)%10]; //个位温度
        }
         PORT_A=str[0];     //写温度符号到 A 端口数码管显示
         PORT_B=str[1];;    //写温度十位到 B 端口数码管显示
         PORT_C=str[2];;    //写温度个位到 C 端口数码管显示

    }
}
void inter_scan(void) interrupt 1 using 1//中断, 用于数码管扫描和温度检测间隔
{
    TH0=(65536-46083)/255;  //高 8 位赋值
    TL0=(65536-46083)%255;  //低 8 位赋值
    count++;
    if (count==20)  // 1 s 中断一次
    {
       count=0;
      flag_scan=1;  //标志位有效
    }
}
```

```
void delay(uint n)//延时函数
{
    uchar i;
    for( i=0;i<n;i++);//延时约 3n μs
}


uchar InitDS18B20(void)// DS18B20 初始化
{
    uchar ini, time;
    DQ = 1;      //拉高总线
    _nop_();     //稍做延时
    DQ = 0;      //拉低总线，发出复位脉冲
    for(time=0;time<200;time++);
//延时 600 μs，复位脉冲时间长度应大于 480 μs 的要求
    DQ = 1;        //释放总线进入接收模式，DS18B20 检测到上升沿后会发送存在脉冲
    for(time=0;time<30;time++);//等待 90 s，确保 DS18B20 发出存在脉冲
    ini=DQ;      //读取存在脉冲，如果是低电平，则初始化成功
    for(time=0;time<200;time++);
//等待 600 μs，确保 DBS18B20 发出的存在脉冲结束
    DQ = 1;            //释放总线
    return(ini);    //返回初始化结果
}


uchar ReadChar(void)//读一个字节
{
    uchar i=0,time;
    uchar dat = 0;
    for (i=8;i>0;i--)
      {
          dat>>=1;
          DQ = 0;                 // 给脉冲信号
          _nop_();_nop_();        // 给脉冲信号
          DQ = 1;
          _nop_();_nop_(); _nop_();
          _nop_();_nop_();_nop_();    //延时约 6 μs，使主机在 15 μs 内采样
          if(DQ)
          dat|=0x80;    //如果读到的数据是 1，则将 1 存入 dat
          else
             dat|=0x00; //如果读到的数据是 0，则将 0 存入 dat
          for(time=0;time<20;time++);  //延时 60 μs，满足读时隙的时间长度要求
          DQ = 1;
      }
    return(dat);
}


void WriteChar(uchar dat)   //写一个字节
{
 uchar i=0,time;
```

```
  for (i=8; i>0; i--)
  {
     DQ = 0;
     DQ = dat&0x01;
     for(time=0;time<30;time++); //延时 90 μs，满足写时序的时间长度要求
     DQ = 1;
     dat>>=1;
     _nop_(); _nop_();
  }
delay(5);
}

uint ReadTemperature(void)  //读取温度
{
    uchar cl=0;
    uint ch=0,tem=0;
//温度转换命令，所有的命令均从初始化开始
    while(InitDS18B20());     //转换初始化，返回 0 则初始化成功
    WriteChar(0xCC);          //跳过读序号列号的命令
    WriteChar(0x44);          //启动温度转换命令

//温度读取命令，所有的命令均从初始化开始
    while(InitDS18B20());     //读取初始化，返回 0 则初始化成功
    WriteChar(0xCC);          //跳过读序号列号的操作
    WriteChar(0xBE);          //读取温度寄存器命令
    cl=ReadChar();            //读低位
    ch=ReadChar();            //读高位
    ch<<=8;
    tem=cl+ch;
    return(tem);
}
```

11.3　SPI 总线器件

　　串行外围设备接口(serial peripheral interface，SPI)是 Motorola 公司推出的四线制的高速、全双工、同步串行总线。

　　SPI 是一个环形总线结构，由 SCK、SI、SO、$\overline{SS}$ 这 4 根传输线构成。SCK 为时钟信号线，决定传输的速率，由主器件产生，用于主器件和从器件之间通信的同步。SI 为主出从入线，主器件使用该线向从器件传输指令、地址和数据。SO 为主入从出线，用于从器件向主器件传输状态和数据。$\overline{SS}$ 为从器件片选信号，低电平有效。在 SCK 发出的同步脉冲的控制下，主、从器件之间按照高位在前、低位在后的顺序进行读写操作，且上升沿发送、下降沿接收。

　　采用 SPI 总线外围扩展结构示意图如图 11-17 所示。主器件通过片选信号 $\overline{SS}$ 来选择从器件进行通信。

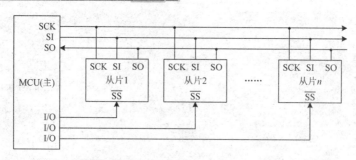

图 11-17　SPI 总线外围扩展结构示意图

下面以芯片 25AA040 为例说明相关接口设计和程序设计。

11.3.1　25AA040 芯片简介

E^2PROM 芯片 25AA040 存储容量为 4 Kb，最高传输
速度可达 10 MHz。共有 8 个引脚，如图 11-18 所示。

各引脚功能如下。

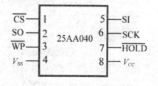

图 11-18　25AA040 引脚排列图

- $\overline{CS}$：片选输入端，低电平有效。
- SO：串行数据输出端，数据在 SCK 下降沿输出。
- $\overline{WP}$：写保护端，低电平时禁止写入数据，高电平时允许写入数据。
- SI：串行输入端，数据在 SCK 上升沿输入。
- SCK：时钟端。
- $\overline{HOLD}$：保持端，低电平有效。低电平时，SO、SI 及 SCK 引脚均保持为高阻态，电平变化被忽略，暂停数据传输。
- V_{CC} 和 V_{SS} 分别为正、负电源输入端。

25AA040 共有 6 条操作指令，用于控制芯片工作，如表 11-2 所示。

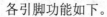

表 11-2　25AA040 指令表

指 令 名	指 　令	说 　明
RDSR	0x05	读状态寄存器
WRSR	0x01	写状态寄存器
READ	0x03	读数据
WRITE	0x02	写数据
WRDI	0x04	禁止写数据
WREN	0x06	允许写数据

RDSR 指令用于读状态寄存器，用于检测芯片忙碌状态和写保护设置，以决定是否可以正常写入数据。WRSR 指令用于设置写保护状态和指定被保护的块，以保证数据安全，避免误删改数据。状态寄存器定义见表 11-3。

其中，WIP 位为忙碌标志位，1 时表示忙碌，0 时表示闲，闲时可以向芯片写数据；WEL 为写使能状态，1 时允许写，0 时禁止写。BP0 和 BP1 用于指定被保护的块，25AA040 所有空间按地址从低到高可均分为 0、1、2、3 共 4 个块，数据保护区间如

表 11-4 所示。

表 11-3　状态寄存器定义

位	7	6	5	4	3	2	1	0
含义	0	0	0	0	BP1	BP0	WEL	WIP

表 11-4　数据保护设置

BP1	BP0	保护区间
0	0	不保护
0	1	高 1/4(块 3)
1	0	高 1/2(块 2 和 3)
1	1	所有区间(块 0、1、2、3)

11.3.2　25AA040 与单片机的连接及编程

25AA040 与单片机的连接如图 11-19 所示，CS、SO、SI、SCK 分别与 8051 的 P1.0～P1.3 端口线相连，读写数据的协议如下。

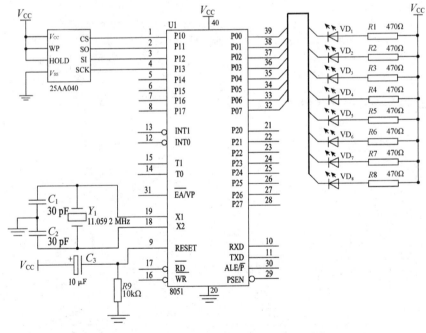

图 11-19　8051 单片机与 25AA040 连线示意图

(1) 写入数据的协议。首先将 CS 接地以选中芯片，然后写入 WREN 指令(允许写)，接着将 CS 的信号拉到高电平，再次将 CS 接地。随后写入 WRSR 指令或 WRITE 指令，接着写入数据，最后需要将 CS 的信号变为高电平。如果没有在 WREN 和 WRSR/WRITE 两个指令间将 CS 信号变为高电平，则 WRSR/WRITE 指令将被忽略。

(2) 读出数据的协议。首先将 CS 接地以选中芯片，然后写入 READ 指令(允许读)，接着写入单元地址码，所选中单元的数据将通过引脚 SO 送出，最后需要将 CS 的信号变为高电平。

【例 11-3】 根据 8051 与 25AA040 的接线(图 11-19)，编写程序实现先向 25AA040 中 0x20 单元中写入字节"0x0f"，然后再读出送 8051 的 P0 口用 LED 进行显示。

示例程序如下：

```c
#include<reg51.h>          //包含单片机寄存器的头文件
#include<intrins.h>        //包含_nop_()函数定义的头文件
sbit SCK=P1^3;             //将 SCK 位定义为 P1.3 引脚
sbit SI=P1^2;              //将 SI 位定义为 P1.2 引脚
sbit SO=P1^1;              //将 SO 位定义为 P1.1 引脚
sbit CS=P1^0;              //将 SCK 位定义为 P1.0 引脚
#define WREN 0x06          //写使能锁存器允许
#define WRDI 0x04          //写使能锁存器禁止
#define WRSR 0x01          //写状态寄存器
#define READ 0x03          //读出
#define WRITE 0x02         //写入

void delay(unsigned char n)      //延时 n ms(3×6+2)×50n
 {
   unsigned char i,j,k;
    for(k=0;k<n;k++)
        for(i=0;i<50;i++)        //50 次循环执行完共延时 1 ms
         for(j=0;j<6;j++);       //每次循环延时(3×6+2) μs

 }

unsigned char spi_Readchar()     //读数据
{
    unsigned char i;
    unsigned char dat=0x00;
    for(i=0;i<8;i++)
    {
        SCK=1;               //将时钟线置于高电平状态，以形成下降沿
        _nop_();_nop_();
        SCK=0;               //下降沿接收数据
      dat=dat<<1;
      if( SO==1 )
        dat=dat|1;           //输入数据拼接到 temp 变量中
     }
        return(dat);         //将读取的数据返回
}

void spi_Writechar(unsigned char dat)   //写数据
{
    unsigned char i;
    SCK=0;              //置于低电平状态，以形成上升沿
    for(i=0;i<8;i++)
     {
```

```
        if( dat&0x80 )
            SI=1;
        else
            SI=0;
        SCK=0;
        _nop_();_nop_();
        SCK=1;          //上升沿发送数据
      dat=dat<<1;
    }

}

void spi_WriteSR(unsigned char rs) //写状态寄存器
{
    CS=0;                   //片选有效
    spi_Writechar(WREN);    //写允许
    CS=1;                   //拉高 CS
    CS=0;                   //重新拉低 CS；否则下面的写寄存器状态指令将被丢弃
    spi_Writechar(WRSR);    //写状态寄存器
    spi_Writechar(rs);      //写入状态寄存器
    CS=1;                   //拉高 CS
}


void spi_WriteSet(unsigned char dat,unsigned char addr)//写数据到指定地址
{
    SCK=0;                  //将 SCK 置于低电平
   CS=0;                    //拉低 CS，选中芯片
    spi_Writechar(WREN);    //写允许
    CS=1;                   //拉高 CS
   CS=0;                    //重新拉低 CS；否则下面的写入指令将被丢弃
    spi_Writechar(WRITE);   //写入指令
    spi_Writechar(addr);    //写入指定地址
    spi_Writechar(dat);     //写入数据
    CS=1;                   //拉高 CS
   SCK=0;
}


unsigned char spi_ReadSet(unsigned char addr)//从地址读出数据
{
 unsigned char dat;
 SCK=0;                     //将 SCK 置于低电平
 CS=0;                      //拉低 CS，选中芯片
 spi_Writechar(READ);       //开始读
 spi_Writechar(addr);       //写入指定地址
 dat=spi_Readchar();        //读出数据
 CS=1;                      //拉高 CS
 SCK=0;                     //将 SCK 置于低电平
 return dat;                //返回读出的数据
 }
```

```
void main(void)
{
  spi_WriteSR(0x02);        //写状态寄存器(写允许,写不保护)
  delay(10);                //写入周期大于 6 ms
  while(1)
  {
    spi_WriteSet(0x0f,0x20);   //将数据写入指定地址 0x20
    delay(10);                 //写入周期大于 6 ms
    P0=spi_ReadSet(0x20);      //将数据读出送 P0 口显示,低电平亮,高电平灭

  }
}
```

本 章 小 结

新型串行接口芯片的技术已相当成熟, I^2C 总线接口器件、单总线器件和 SPI 总线器件的应用日益广泛。

内部集成电路总线(inter interface circuit, I^2C)是双向二线制同步串行总线,只需要两根线便可实现连接总线上的器件和单片机之间以及器件和器件之间的相互通信。I^2C 总线的接口线一根是串行时钟线 SCL,另一根是串行数据线 SDA。各种采用 I^2C 总线标准的器件均可并联在总线上,每个器件都有唯一的地址,器件和器件之间均可进行信息传送。

单总线仅用一根信号线,既可以传输时钟信号又可以传输数据信号,多个外部器件通过三态端口连接到总线上,主器件通过从器件出厂前已固化好的序列号识别各从器件。单片机与单总线器件之间按通信协议进行数据传输。通信协议定义了复位信号、应答信号、读写 0 和 1 等几种基本信号类型,并由这些基本的信号类型组成了所有的单总线命令序列信号。

串行外围设备接口(serial peripheral interface,SPI)是四线制的高速、全双工、同步串行总线。时钟信号线用于主器件和从片之间通信的同步;主器件输出线用于主器件向从器件传输指令、地址和数据;主器件输入线用于从器件向主器件传输状态和数据。此外,还有从器件片选信号线,用于多片从器件挂接在总线上时的片选。

选用新型串口接口芯片时需要了解所涉及的总线接口、接口协议、控制要求、操作命令、操作时序等内容才能正确应用。

思考与练习

1. 简述 I^2C 总线、单总线和 SPI 总线的功能和特点。
2. 设计电路并编写程序将数字"6"写入 CAT24WC04,然后再读出该数字。
3. 设计电路并编写程序实现从 DS18B20 读取温度值。
4. 设计电路并编写程序将数字"5"写入 25AA040。

第 12 章　单片机应用系统设计

学习目标

- 了解：单片机应用系统设计的过程以及应注意的问题。
- 掌握：应用 proteus 软件进行单片机系统仿真的方法。

应用系统设计.wmv

本章主要介绍单片机应用系统设计过程，以及应用 Proteus 软件进行单片机系统仿真的方法，并给出了两个应用系统设计的例子，为实际单片机系统开发打下基础。

学习单片机的根本目的是进行单片机应用系统设计。单片机应用系统是指以单片机为核心，配以一定的外围电路和软件，能实现一定功能的系统。单片机系统最基本的要求是功能满足需要、稳定可靠且操作和维护简便。单片机的设计包括硬件设计和软件设计两部分，其中硬件电路的设计是关键，软件设计是针对相应的硬件系统开发的，因此要求软件、硬件开发密切结合。

12.1　单片机应用系统设计过程

一般情况下，一个实际的单片机应用系统的设计过程包括系统总体方案设计、硬件电路设计、软件系统设计、系统调试与运行等多个环节。

12.1.1　系统总体方案设计

当确定要研制某项单片机应用系统或产品时，首先应制订出合理的设计方案。具体包括以下几个方面。

1. 可行性分析与调研

设计单片机应用系统时首先要对该系统进行全面分析，了解系统的功能要求、使用环境等特点，在综合考虑设计复杂性、可靠性、成本等要求的基础上进行方案调研，了解相似应用系统设计方案的优缺点，并尽可能地借鉴和移植设计合理、满足需要的软件和硬件技术，以降低设计复杂程度。

2. 单片机选型

综合考虑系统的要求和各种单片机的性能。在满足设计要求的前提下，应选择性价比最高的机型。对于要求不高的产品，一般选用性价比较低的单片机就可满足控制要求。对于复杂的系统则应选择更高级的单片机，如 C8051F 单片机等类型，这些新型单片机运算和处理速度高、抗干扰能力强，且一般内部集成了 A/D 和 D/A 转换器、PWM 控制器以及更多的中断和定时器/计数器等资源，可以简化接口电路，组成体积更小、功能更强、可靠性更高的系统。

3. 设计方案的优化

在选择合适单片机机型的基础上应对设计方案进一步优化。硬件结构应结合应用软件方案一并考虑，确定合理的硬件和软件功能的划分。硬件功能和软件功能经常可以互换，某些硬件功能可用软件来实现，某些软件功能也可以用硬件来完成。一般来说，用硬件实现速度快，但所需元器件多、成本高；用软件实现将使编程复杂化，且会加重单片机负担。因此，在划分硬件和软件任务时，要全面考虑、合理安排。一般来说，软件能实现的功能尽可能由软件来实现，以简化硬件电路，并选用合适的单片机机型以满足系统资源和运行速度要求。

12.1.2　硬件电路设计

硬件电路的设计是整个系统的关键。电路的各部分是紧密相关、相互协调的，任何一部分电路的设计缺陷都可能导致各种问题的出现，影响整体的功能。在进行硬件电路设计时通常要借鉴相关较成熟的设计方案，结合自己的具体要求进行二次设计，以减少工作量并降低难度。另外，还应注意以下几个方面。

(1) 尽可能选择标准化、模块化的典型电路，以减少工作难度，并提高可靠性。在满足应用系统功能要求的基础上，各功能模块的设计应考虑将来修改和扩展的需要，适当留有余地。

(2) 尽可能选用功能强、集成度高的芯片，以简化电路、减少元件数量、提高系统的可靠性。目前，市场上有多种功能各异的单片机，可灵活地根据系统需求进行选用。如果设计电压或电流检测系统，一般需要进行模拟量和数字量之间的转换，就可以选择集成 A/D 或 D/A 转换器的单片机；如果设计电机控制系统一般需要脉宽信号输出功能(PWM)，就可以选择集成 PWM 的单片机。选用内置器件单片机一般来说比外置器件成本低，且性能更稳定，但灵活性和精度可能会差一些。

(3) 尽可能选用通用性强、市场货源充足的器件，以降低成本，使其易于维护和维修。另外，也要尽可能选择较新的芯片，避免选择濒临淘汰的产品，以利于系统的扩展。

(4) 注意系统的抗干扰设计。在电路设计时应尽可能采用光耦合器等隔离元件消除或减轻来自电源或其他信号的干扰，抑制噪声的影响，以提高系统的可靠性。

(5) 在进行印制电路板设计时，应注意元器件的合理布局，减少相互干扰，并充分考虑安装、调试和维修的方便。

硬件电路的设计通常采用专门的电路设计软件，目前最常用的是 Protel 和 Altium Designer，这两种软件不但可以进行电路原理图的设计，也可以进行印制电路板(PCB)的设计，非常方便。

12.1.3　软件系统设计

单片机软件设计通常要考虑以下几方面的问题。

(1) 根据软件功能要求，设计合理的总体结构，并绘制程序流程图，使软件运行过程清晰合理。

(2) 较大规模的软件应注意程序的模块化和结构化，并注意添加详细的功能注释，以使其清晰简洁，降低开发难度，也便于调试和维护。

(3) 合理规划系统资源的使用，尤其要注意片内和片外 RAM 和 ROM 的分配，避免相互干扰或溢出。另外，还应注意定时器/计数器、中断源、串行和并行端口的分配。

(4) 可采用 Proteus 等 EDA 工具软件对设计方案进行仿真，及早发现问题，减少调试和修改次数，降低开发成本。

软件设计通常采用专门的集成开发环境进行，如采用常用的 Keil μVision2 集成环境。集成开发环境通常具有模拟调试功能，为软件的开发带来很大方便。

12.1.4　系统调试与运行

一般来说，较复杂的系统很难一次成功，需要经过反复调试。调试过程就是软件、硬件的查错过程，分为硬件调试和软件调试两个环节。

1. 硬件调试

首先进行静态调试，即用万用表等工具在样机加电前根据原理图和装配图仔细检查线路，核对器件型号、规格及安装是否正确；其次，加电检查各点的电位是否正常，分别测试电路各个部分，改正其中错误。一般地说，单片机的检测过程如下。

(1) 若检测代码不能正常写入单片机，或虽能写入但不能正确运行，应先更换单片机试一下是否正常，以排除单片机损坏故障。

(2) 若更换单片机后仍不能正常工作，应先检查电源、时钟晶振电路和复位电路。用万用表检测单片机电源正极和负极引脚，检测电压是否正常；对于时钟晶振电路可使用示波器进行检测，看能否检测到相应频率的正弦波脉冲；单片机一般是高电平复位，可用万用表检测单片机在接通电源时引脚上是否出现高电平，或在按下复位键时，复位引脚上是否出现高电平来检测单片机是否正确。

2. 软件调试

调试的任务就是根据测试时所发现的错误，找出原因和具体位置进行改正，可借助仿真器联机调试。目前常用的调试方法有以下几种。

(1) 试探法。分析错误的症状，猜测问题的所在位置，利用在程序中输出语句，分析寄存器、存储器的内容等手段来获得错误的线索，一步步地试探分析出错误所在。这种方法适合于结构比较简单的程序。

(2) 回溯法。从发现错误的位置开始，沿着程序的控制流程跟踪代码，直至找出错误根源为止。这种方法适合于小型程序，对于大规模程序由于需要回溯的路径太多而难以操作。

(3) 对分查找法。这种方法主要用来缩小错误范围。如果已经知道程序中的变量若干位置的正确取值，可以在这些位置上给这些变量以正确值，观察程序运行输出结果；如果没有发现问题，则说明从赋予变量一个正确值开始到输出结果的程序没有出错，问题可能在除此之外的程序中；否则错误就在该程序中。对含有错误的程序段再使用这种方法，直到把故障范围缩小到比较容易诊断为止。

(4) 归纳法。归纳法就是从测试所暴露的问题出发，收集所有正确或不正确的数值分析它们之间的关系，从而找到错误所在。

12.2　仿真设计软件 Proteus

Proteus 软件具有画原理图、PCB 布线及电路仿真功能，还可以直接在基于原理图的虚拟原型上编程，并实现软件源代码级的实时调试、显示和输出，能看到运行后输入输出的效果，还配置了虚拟仪器，如示波器、逻辑分析仪等，十分便于单片机系统的开发，并得到了广泛应用。

Proteus 软件包括电路原理图设计及仿真模块 ISIS、混合模型仿真器、动态器件库、高级图形分析模块、处理器仿真模型 VSM 以及印制电路板设计 ARES.EXE 等 6 个部分。使用 Proteus 软件进行产品设计需要首先设计原理图，编写软件代码；然后使用原理图进行电路调试与仿真；最后生成 PCB 布线图。下面简要介绍 Proteus 的使用步骤。

12.2.1　安装 Proteus

安装 Proteus 软件并启动，界面如图 12-1 所示，单击工具栏中的 isis 图标进入编辑操作界面，如图 12-2 所示。它由菜单栏、工具栏、预览窗口、器件选择按钮、工具箱、原理图编辑窗口、对象选择器、方向工具栏、状态栏、仿真按钮等组成。

图 12-1　Proteus 软件启动界面

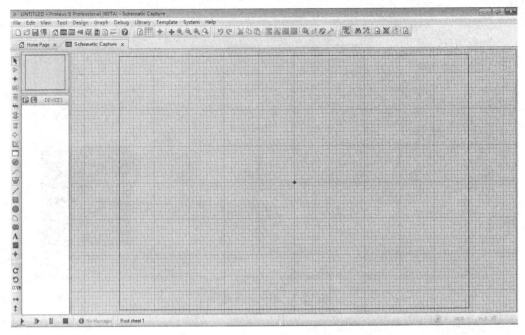

图 12-2　Proteus 编辑操作界面

12.2.2　电路原理图设计

电路原理图是由电子器件符号和连接导线组成的图形。图中器件有编号、名称、参数等属性，连接导线有名称、连接的器件引脚等属性。电路原理图的设计就是放置器件并把相应的器件引脚用导线连接起来，并修改器件和导线的属性。电路原理图设计的具体步骤如下。

1. 新建设计文件

选择 File→New Design 菜单命令，在弹出的界面中选择图纸类型，横向图纸为 Landscape，纵向图纸为 Portrait。Default 为默认模板。然后选择 System→Set Sheet size 菜单命令，弹出纸张大小选择对话框。可以从 A4～A0 这 4 种纸张中选择大小。

2. 添加元器件

单击工具栏中的元件选择图标，然后单击对象选择器按钮，或选择 Library→Pick Device 菜单命令。在 Keywords 文本框中输入 at89c51，则在 Results 中显示出匹配的元件，如图 12-3 所示。双击选中的元件，则该元件添加到对象选择器元件列表中。

3. 放置元件及电源

单击对象选择器中的某个元件，然后在原理图编辑窗口中单击可以将元件放置到原理图编辑窗口。若需要移动元件，则单击元件再按住鼠标左键，则可将元件拖动到合适的位置；若需要旋转元件，则右击该元件，然后单击方向工具栏上相应的转向按钮可实现更改元件方向；若要删除元件，可右键双击该元件，或左键单击选中后再按 Delete 键。

若要放置电源，可单击元件终端图标，在对象选择器中单击 POWER(电源正极)或 GROUND(电源负极、地)，然后在原理图编辑窗口的合适位置单击可放置电源。

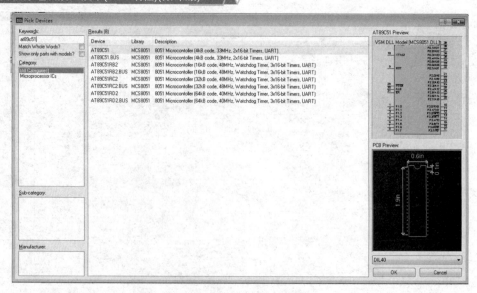

图 12-3　添加元器件界面

4. 画连接线

单击要连线的元件引脚，然后再单击要连接的另一元件引脚，可画出一条连接两元件引脚的连线。若要移动连线，可右键单击连线，选择 Drag Wire 命令，然后拖动鼠标移动该线。若要删除该线，可右键双击，也可左键单击选中后再按 Delete 键。

(1) 画总线：将光标靠近一个对象的引脚末端单击，然后拖动鼠标，在终点处双击即可。另外，也可以将已经画好的单线设置为总线。选中该线单击右键，在弹出的快捷菜单中选择 Edit Wire Style 命令，在弹出界面的 Global Style 下拉列表框中选择 Bus Wire，然后单击 OK 按钮即可。

(2) 画总线分支：在器件引脚单击，然后在总线上单击可画出总线分支，若在总线上单击并同时按住 Ctrl 键，可使分支与总线成任意角度。

(3) 画线标：单击工具栏上的 LBL 按钮，然后单击连线，可弹出图 12-4 所示的对话框，可填写图标名称、旋转角度及放置位置。

图 12-4　图标设置界面

5. 设置和修改元件属性

在需要修改的元件上右击，在弹出的快捷菜单中选择 Edit Properties 命令，则弹出 Edit Component 对话框，从中设置或修改元件属性，如图 12-5 所示。

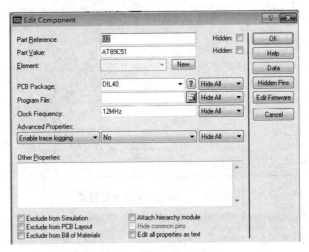

图 12-5　修改元件属性界面

6. 电气检测

选择 Tool→Electrical Rule Check 菜单命令或者单击工具栏中的相应图标，则给出电气检测结果，若有错误，则给出提示和说明以便查看，如图 12-6 所示。

图 12-6　电气检测结果显示

7. 仿真运行

双击单片机，则弹出属性编辑对话框，在 Program File 项中单击图标，在弹出的 Select File Name 对话框中选择用 Keil 51 编写并编译成功的 HEX 文件，如图 12-7 所示。选择 Debug→Run Simulation 菜单命令可运行仿真，也可单击编辑窗口下面的仿真按钮运行仿真，如图 12-8 所示。

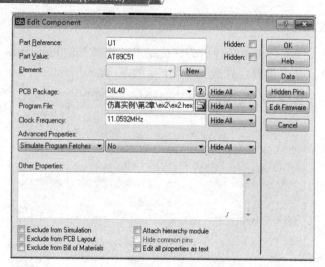

图 12-7　单片机参数设置界面

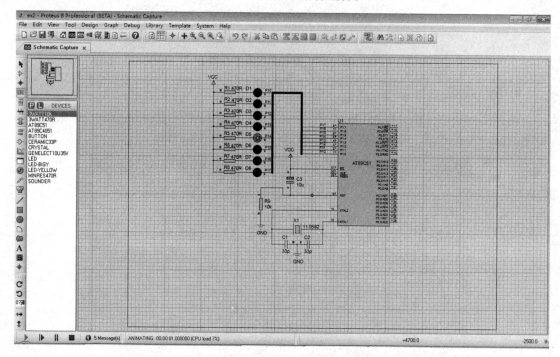

图 12-8　仿真运行界面

12.3　单片机应用系统设计举例

本节以两个单片机的典型系统为例，说明如何设计以单片机为核心的应用系统。

12.3.1　交通信号灯控制系统设计

交通信号灯在城市交通中的作用非常重要，它为车辆和行人的安全顺畅出行提供了重要的保障。本例使用单片机设计了一种功能较为简单的交通信号灯控制器。

1. 设计要求

通过单片机实现对 LED 彩灯的控制,确保交通的正常流通和行人安全。分为如下四种状态进行循环。

状态 1:西南北红灯亮,东绿灯亮 30 s 后闪烁 5 s,然后黄灯亮 5 s,之后转状态 2。

状态 2:东南北红灯亮,西绿灯亮 30 s 后闪烁 5 s,然后黄灯亮 5 s,之后转状态 3。

状态 3:东西北红灯亮,南绿灯亮 30 s 后闪烁 5 s,然后黄灯亮 5 s,之后转状态 4。

状态 4:东西南红灯亮,北绿灯亮 30 s 后闪烁 5 s,然后黄灯亮 5 s,之后转状态 1。

2. 硬件设计

用 LED 模拟交通信号灯。采用 P0 口控制南北方向两排共 6 个 LED,采用 P1 口控制东西方向两排共 6 个 LED,如图 12-9 所示。

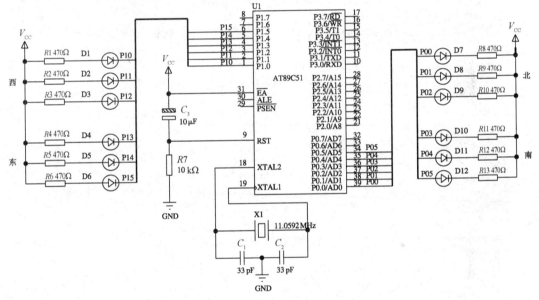

图 12-9 模拟交通信号灯电路原理图

3. 软件设计

用定时器来控制交通信号灯状态的时间,每 5 s 为一个单位进行计时,依次进入 4 种状态并循环。

函数声明及变量定义,参考程序如下:

```
#include <reg51.h>
#define uint unsigned int
#define uchar unsigned char
sbit RED_S = P0^0;                  //南方向的红灯
sbit YELLOW_S = P0^1;               //南方向的黄灯
sbit GREEN_S = P0^2;                //南方向的绿灯
sbit RED_N = P0^3;                  //北方向的红灯
```

```
sbit YELLOW_N = P0^4;              //北方向的黄灯
sbit GREEN_N = P0^5;               //北方向的绿灯

sbit RED_E = P1^0;                 //东方向的红灯
sbit YELLOW_E = P1^1;              //东方向的黄灯
sbit GREEN_E = P1^2;               //东方向的绿灯
sbit RED_W = P1^3;                 //西方向的红灯
sbit YELLOW_W = P1^4;              //西方向的黄灯
sbit GREEN_W = P1^5;               //西方向的绿灯
uchar count=0;
uchar second=0;

void init()
{
   TMOD = 0x01;                    //选择 16 位的定时器
   EA=1;                           //开总中断和定时器 0 中断
   ET0=1;                          //开定时器 0 中断
   TL0 = (65536-46083)%256;
   TH0 = (65536-46083)/256;        //定时器设定 50 ms 溢出

   RED_S = 0;                      //南方向的红灯
   YELLOW_S = 1;                   //南方向的黄灯
   GREEN_S = 1;                    //南方向的绿灯
   RED_N = 0;                      //北方向的红灯
   YELLOW_N =1;                    //北方向的黄灯
   GREEN_N =1;                     //北方向的绿灯
   RED_E = 0;                      //东方向的红灯
   YELLOW_E = 1;                   //东方向的黄灯
   GREEN_E = 1;                    //东方向的绿灯
   RED_W = 0;                      //西方向的红灯
   YELLOW_W = 1;                   //西方向的黄灯
   GREEN_W = 1;                    //西方向的绿灯

}
void state_1()
{
   uchar i=5;
   RED_E = 1;
   GREEN_E = 0;
   while(second < 10);             //60 s 延时
   while(i--)                      //南北绿灯闪 5 s
   {
      second = 0;
      while(second < 1);
      GREEN_E = !GREEN_E;
   }
   GREEN_E = 1;
   YELLOW_E = 0;
   while(second < 5);              //5 s 延时
   YELLOW_E = 1;
```

```
    RED_E = 0;
}

void state_2()
{
    uchar i=5;
    RED_W = 1;
    GREEN_W = 0;
    while(second < 10);                 //60 s 延时
    while(i--)                          //南北绿灯闪 5 s
    {
        second = 0;
        while(second < 1);
        GREEN_W = !GREEN_W;
    }
    GREEN_W = 1;
    YELLOW_W = 0;
    while(second < 5);                  //5 s 延时
    YELLOW_W = 1;
    RED_W = 0;
}
void state_3()
{
    uchar i=5;
    RED_S = 1;
    GREEN_S = 0;
    while(second < 10);                 //60 s 延时
    while(i--)                          //南北绿灯闪 5 s
    {
        second = 0;
        while(second < 1);
        GREEN_S = !GREEN_S;
    }
    GREEN_S = 1;
    YELLOW_S = 0;
    while(second < 5);                  //5 s 延时
    YELLOW_S = 1;
    RED_S = 0;
}

void state_4()
{
    uchar i=5;
    RED_N = 1;
    GREEN_N = 0;
    while(second < 10);                 //60 s 延时
    while(i--)                          //南北绿灯闪 5 s
    {
        second = 0;
        while(second < 1);
```

```
        GREEN_N = !GREEN_N;
    }
    GREEN_N = 1;
    YELLOW_N = 0;
    while(second < 5);                    //5 s 延时
    YELLOW_N = 1;
    RED_N = 0;
}
void time() interrupt 1
{
    count++;
    if (count==20)                        //定时 1 s
    {
        second++;
        count=0;
    }
    TL0 = (65536-46083)%256;
    TH0 = (65536-46083)/256;              //定时器重设初值
}


int main(void)
{
    init();
    TR0=1;                                //定时器启动计时
    while(1)
    {
        state_1();
        state_2();
        state_3();
        state_4();
    }
}
```

12.3.2 抢答器设计

1. 设计要求

本系统设计为 4 个参赛组的抢答，并能区分第一抢答者，通过数码管显示第一抢答者的参赛号码，同时用声光指示抢答状态。抢答完毕，主持人按下复位键便可进行下一轮答题。

2. 硬件设计

系统通过单片机的 P1 口读入 4 个抢答按键的状态，判断是否有人按下按键。如果确有人按下按键，系统读取键值并立即将其对应参赛选手号码的 7 段码经 P0 口输出，驱动数码管显示。一轮抢答完毕后，由主持人按下复位键 S_1 结束本轮抢答，为下一轮抢答做好准备，如图 12-10 所示。

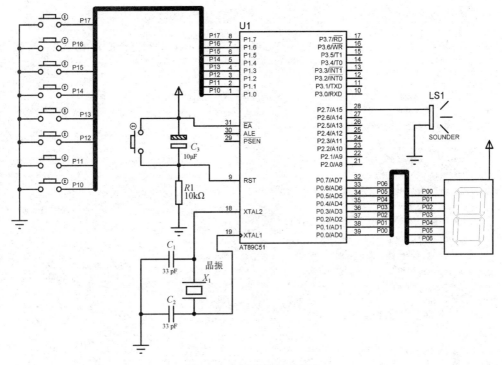

图 12-10　当前地址读操作

3. 软件设计

用定时器控制交通信号灯状态的时间，每 5 s 为一个单位进行计时，依次进入 4 种状态并循环。

函数声明及变量定义，参考程序如下：

```
#include <reg51.h>
#define uint unsigned int
#define uchar unsigned char
sbit speaker = P2^7;
sbit key0 = P1^0;
sbit key1 = P1^1;
sbit key2 = P1^2;
sbit key3 = P1^3;
sbit key4 = P1^4;
sbit key5 = P1^5;
sbit key6 = P1^6;
sbit key7 = P1^7;
uchar led[8]={0xf9,0xa4,0xb0,0x99,0x92,0x82,0xf8,0x80};

void delay_1ms(uint t)
{
   uchar m,n;
   for(m=t;m>0;m--)
     for(n=330;n>0;n--);
}
```

```
bit iskeyinput()                    //判断是否有按键闭合
{
    if((P1 & 0xff) ==0xff )          //屏蔽高4位(列线),只检测低4位(行线)
        return 0;                    //没有键闭合,返回0
    else
    return 1;                        //有键闭合,返回1
}
uchar key_identify()                 //识别键号
{
    uchar key;
    if( key0==0 )key=0;
    if( key1==0 )key=1;
    if( key2==0 )key=2;
    if( key3==0 )key=3;
    if( key4==0 )key=4;
    if( key5==0 )key=5;
    if( key6==0 )key=6;
    if( key7==0 )key=7;
    return key;                      //输出键号
}


void keyprocess(uchar keynum)
{
    uint i;
    P0 = led[keynum];
    i=500;
    while(i--)
    {
        speaker = 0;
        delay_1ms(10);
        speaker = 1;
    }
}
  int main(void)
{
  uchar keynum;
  P0 = 0xFF;
  while(1)
    {
        while (!iskeyinput() ); //如果没有键,则等待
        delay_1ms(10);            //去除键抖动
        if( iskeyinput() )        //当前有按键,需要识别按键并且等待键盘松开
        {
            keynum= key_identify();        //识别键号
            keyprocess(keynum);
            while(1);                        //等待复位
        }
    }
}
```

本 章 小 结

一般情况下，一个实际的单片机应用系统的设计过程包括总体方案设计、硬件电路设计、应用软件设计、系统调试与运行等多个环节。

当要确定研制某项单片机应用系统或产品时，首先应对该系统进行可行性分析与调研，制订出合理的设计方案。

硬件电路的设计各部分是紧密相关、相互协调的，任何一部分电路的设计缺陷都可能导致各种问题的出现，影响整体的功能。在进行硬件电路设计时通常要借鉴相关较成熟的设计方案，结合自己的具体要求进行二次设计，以减少工作量并降低难度。

软件设计通常采用专门的集成开发环境进行，如采用常用的 Keil μVision2 集成环境，这些集成开发环境通常具有模拟调试功能，为软件的开发带来很大方便。

调试的任务就是根据测试时所发现的错误，找出原因和具体的位置进行改正。目前，常用的调试方法有试探法、回溯法、对分查找法和归纳法等。

思考与练习

1. 简述单片机应用系统的设计过程

2. 简述应用 Proteus 软件进行单片机仿真的过程。

3. 设计完成一个电子钟，选用数码管显示时、分、秒的功能。

4. 设计完成一个电压表，完成对模拟电压的测量，并显示电压值。

5. 设计一个应用 DS18B20 的温度控制系统，使用 3 个数码管显示当前采集到的温度(0～99.9 ℃)。当环境温度低于 30 ℃或高于 70 ℃时，蜂鸣器开始以慢"嘀"声报警，并伴随一个黄色发光二极管闪烁；当环境温度低于 20 ℃或高于 80 ℃时，蜂鸣器开始以快"嘀"声报警，并伴随一个红色发光二极管闪烁。

6. 设计一个带温度计的电子钟。用两个按键控制显示内容，按下 K1 键选择电子时钟显示(时、分)，按下 K2 键选择温度测量显示；用另外两个按键调整修改时间，按下 K3 键调整时和 K4 键调整分。

7. 设计一个可控波形发生器。用 D/A 转换器产生要求输出的波形，频率范围在 0～1 kHz；用按键选择输出方波、三角波、锯齿波或正弦波，输出波形频率能用步进可调，按键步进 10 Hz；通过键盘能够预置波形输出频率，用数码管显示当前输出波形的频率值。

8. 设计一个压力测控系统，要求检测来自压力传感器输出的电压信号(0～5 V)，通过 ADC 转换为数字量。通过键盘设置压力报警的上下限，压力报警的上下限和当前压力值通过液晶显示器显示。另外，当前压力超过上下限后应通过声光报警。

附录 自测题

自测题 一

1. 单项选择题(每题 1 分，共 10 分)

(1) 二进制数 0111010101000010B 转换为十六进制数值为( )。

    A. 7542H   B. 7441H   C. 75.42H   D. 74.41H

(2) 若单片机的振荡频率为 6 MHz，设定时器工作在方式 0 需要定时 1 ms，则定时器初值应为( )。

    A. 500   B. 1 000   C. 7 692   D. 7 192

(3) 定时器 T1 工作在计数方式时，其外加的计数脉冲信号应连接到( )引脚。

    A. P3.2   B. P3.3   C. P3.4   D. P3.5

(4) 当外部中断请求的信号方式为脉冲方式时，要求中断请求信号的高电平状态和低电平状态都应至少维持( )。

    A. 1 个机器周期   B. 2 个机器周期

    C. 4 个机器周期   D. 10 个晶振周期

(5) 8051 单片机在同一优先级的中断源同时申请中断时，CPU 首先响应( )。

    A. 外部中断 0   B. 外部中断 1

    C. 定时器 0 中断   D. 定时器 1 中断

(6) 定时器工作方式( )可溢出后不用重装计数初值。

    A. 0   B. 1   C. 2   D. 3

(7) 8051 单片机的外部中断 1 的中断请求标志是( )。

    A. ET1   B. TF1   C. IT1   D. IE1

(8) 设有 int a[ ]＝{10，11，12}，*p＝&a[0]，则执行完*(p＋＋)；*p＋＝1 后，a[0]，a[1]，a[2]的值依次是 ( )。

    A. 10，11，12   B. 11，12，12   C. 10，12，12   D. 11，11，12

(9) 串行口采用同步通信方式每次传送( )字符。

    A. 1 个   B. 1 字节   C. 1 帧   D. 1 波特

(10) 可以将 P1 口的低 4 位全部置高电平的表达式是( )。

    A. P1&＝0x0f   B. P1|＝0x0f   C. P1^＝0x0f   D. P1＝～P1

2. 填空题(每空 1 分，共 16 分)

(1) 外围扩展芯片的选择方法有两种，它们分别是_____和_____。

(2) P2 口通常用作_____，也可以用作 I/O 端口使用。

(3) C51 程序与其他语言程序一样，程序结构也分为_____、_____和_____。

(4) _____是一组有固定数目和相同类型成分分量的有序集合。

(5) 所谓寻址，其实质就是_____。

(6) 设 X＝5AH，Y＝36H，则 X 与 Y"或"运算为_____，X 与 Y 的"异或"运算为_____。

(7) 定时器中断请求发生在_____。

(8) 单片机中，常用作地址锁存器的芯片是_____，常用作地址译码器的芯片是_____。

(9) 若选择内部程序存储器，应该将 EA 设置为_____(高电平/低电平)，而 PSEN 信号此时为_____。

(10) 若串口传送速率是每秒 120 个字符，每个字符 10 位，则波特率是_____。

3. 判断题(每题 1 分，共 10 分)

(1) 所有定义在主函数之前的函数无须进行声明。　　　　　　　　　(　)

(2) 定时器与计数器的工作原理均是对输入脉冲进行计数。　　　　　(　)

(3) ADC0809 是 8 位逐次逼近式模/数转换芯片。　　　　　　　　　(　)

(4) MCS-51 的程序存储器只是用来存放程序的。　　　　　　　　　(　)

(5) TMOD 中的 GATE＝1 时，表示由两个信号控制定时器的启停。　(　)

(6) MCS-51 的特殊功能寄存器分布在 60～80H 地址范围内。　　　　(　)

(7) MCS-51 系统可以没有复位电路。　　　　　　　　　　　　　　(　)

(8) 片内 RAM 与外部设备统一编址时，需要专门的输入/输出指令。　(　)

(9) 锁存器、三态缓冲寄存器等简单芯片中没有命令寄存和状态寄存等功能。　(　)

(10) 使用 8051 且 EA＝1 时，仍可外扩 64KB 的程序存储器。　　　(　)

4. 简答题(每题 5 分，共 30 分)

(1) P3 口有什么特点？如何正确使用 P3 口？

(2) 在使用 8051 的定时器/计数器前，应对它进行初始化，其步骤是什么？

(3) 8051 引脚有多少 I/O 线？它们和单片机对外的地址总线和数据总线有什么关系？地址总线和数据总线各是几位？

(4) C51 中的中断函数和一般的函数有什么不同？

(5) 简述串行数据传送的特点。

(6) C51 的 data、bdata、idata 有什么区别？

5. 程序分析题(每题 5 分，共 10 分)

(1) 单片机 P0 口上外接了 8 个发光二极管，试分析下面程序的功能：

```
#include<reg51.h>
int  main(void)
{
 unsigned char code Tab[]＝{0xfe, 0xfd, 0xfb, 0xf7, 0xef, 0xdf, 0xbf, 0x7f};
 unsigned char *p[ ]＝{&Tab[0], &Tab[1], &Tab[2], &Tab[3], &Tab[4], &Tab[5],
&Tab[6], &Tab[7]};
 unsigned char i;
 int j;
 while(1)
```

```
{
    for(i=0; i<8; i++)
    {
      P0=*p[i];
      for(j=0; j<30000; j++);
    }
  }
}
```

(2) 单片机 P1 口上外接了 8 个发光二极管，P3.4 上外接一按键，试分析下面程序的功能：

```
#include<reg51.h>
sbit S=P3^4;
unsigned char i;
int main(void)
{
  EA=1;
  ET0=1;
  TMOD=0x06;
        TH0=251;
  TL0=251;
    TR0=1;
  i=0;
  while(1);
}
void intersev() interrupt 1
{
  i++;
  if(i>255) i=0;
  P0=~i;
  }
```

6. 编程题(共 24 分)

(1) 如图 1 所示，单片机 P1 口的 P1.0 和 P1.1 各接一个开关 S_1、S_2，P1.4、P1.5、P1.6 和 P1.7 各接一只发光二极管。由 S_1 和 S_2 的不同状态来确定哪个发光二极管被点亮，00 时 L1 亮，01 时 L2 亮，10 时 L3 亮，11 时 L4 亮。(10 分)

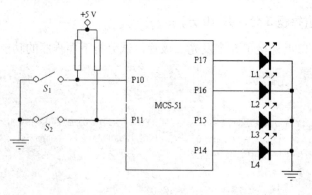

图 1

(2) 用单片机和内部定时器来产生矩形波，要求频率为 100 Hz，占空比为 4∶1，设单片机的时钟频率为 12 MHz，写出有关程序。(14 分)

自 测 题 二

1. 选择题(每题 1 分，共 10 分)

(1) 8051 单片机的(　　)口的引脚，还具有外中断、串行通信等第二功能。

  A. P0　　　　　　　　B. P1　　　　　　　　C. P2　　　　　　　　D. P3

(2) 8051 单片机应用程序一般存放在(　　)。

  A. 8051RAM　　　　　B. ROM　　　　　　　C. 寄存器　　　　　　D. CPU

(3) 使用宏来访问绝对地址时，一般需包含的库文件是(　　)。

  A. reg51.h　　　　　B. absacc.h　　　　　C. intrins.h　　　　D. startup.h

(4) 8051 单片机定时器/计数器(T/C)根据需要可有多种工作方式，其中工作方式 1 是(　　)。

  A. 16 位的 T/C　　　　　　　　　　　B. 13 位的 T/C

  C. 8 位可自动重载的 T/C　　　　　　 D. 两个独立的 8 位 T/C

(5) CPU 主要的组成部分为(　　)。

  A. 运算器、控制器　　　　　　　　　B. 加法器、寄存器

  C. 运算器、寄存器　　　　　　　　　D. 运算器、指令译码器

(6) 8051 单片机是(　　)位的单片机。

  A. 16　　　　　　　　B. 4　　　　　　　　C. 8　　　　　　　　D. 准 16

(7) 8051 单片机默认的最高等级中断源是(　　)。

  A. 定时器 T0　　　　　　　　　　　　B. 定时器 T1

  C. 外部中断 INT0　　　　　　　　　　D. 外部中断 INT1

(8) 应用 8051 单片机定时器/计数器时，控制定时器 T0 的启动和停止的关键字是(　　)。

  A. TMOD　　　　　　B. TR0　　　　　　　C. ET0　　　　　　　D. TF0

(9) 8051 单片机中既可位寻址又可字节寻址的单元是(　　)。

  A. 20H　　　　　　　B. 30H　　　　　　　C. 00H　　　　　　　D. 70H

(10) 8051 单片机外接 11.059 2 MHz 的晶振，采用 16 位定时器计时 50 ms，则定时器初值应设为(　　)。

  A. 0　　　　　　　　B. 65 536　　　　　　C. 46 083　　　　　　D. 19 453

2. 填空题(每空 1 分，共 20 分)

(1) 变量的指针就是变量的_____；指针变量的值是_____。

(2) Keil C51 软件中，工程文件的扩展名是_____，编译连接后生成可烧写的文件扩展名是_____。

(3) 若有说明 int i，j，k，则表达式 i=10，j=20，k=30，k*=i+j 的值为_____。

(4) 8051 的引脚 RST 是_____(IN 脚/OUT 脚)，当其端出现_____电平时，8051 进

入复位状态。当 RST 脚收到_____电平，8051 才脱离复位状态，进入程序运行状态。

(5) 半导体存储器分成_____和_____两大类，其中_____具有易失性，常用于存储_____。

(6) 8051 内部有_____个并行口，P0 口直接做普通 I/O 端口时，必须外接_____；并行口做输入口时，必须先_____才能读入外设的状态。

(7) 中断处理的全过程分为_____、_____、_____3 个段。

(8) 定时和计数都是对_____进行计数，定时与计数的区别是_____。

3. 判断题(每题 1 分，共 10 分)

(1) 若一个函数的返回类型为 void，则表示其没有返回值。　　　　　　( )

(2) 特殊功能寄存器的名字在 C51 程序中全部大写。　　　　　　　( )

(3) "sfr"后面的地址可以用带有运算的表达式来表示。　　　　　( )

(4) #include<reg51.h>与#include "reg51.h"对于程序的运行效果来说是等价的。 ( )

(5) C 语言语句 x＝6；y＝x－－；运行完后的结果是 y＝5。　　　　( )

(6) continue 和 break 都可用来实现循环体的中止。　　　　　　( )

(7) 8051 单片机的 P0 口是分时复用的地址/数据总线。　　　　　( )

(8) 所有定义在主函数之前的函数无须进行声明。　　　　　　　( )

(9) int i, *p＝&i；是正确的 C 语言说明。　　　　　　　　　( )

(10) 7&3＋12 的值是 15。　　　　　　　　　　　　　　　( )

4. 简答题(每题 5 分，共 15 分)

(1) 如何通过软件编程实现消除键盘的抖动？

(2) 在使用 8051 的定时器/计数器前，应对它进行初始化，其步骤是什么？

(3) MCS-51 的中断系统有几个中断源？几个中断优先级如何？中断优先级是如何控制的？在出现同级中断申请时，CPU 按什么顺序响应(按由高级到低级的顺序写出各个中断源)？

5. 程序分析题(15 分)

(1) 设 8051 单片机 P0 口上外接了 8 个发光二极管，二极管正极接电源。分析运行下面程序后发光二极管的状态：(7 分)

```c
#include<reg51.h>
void main(void)
{
 unsigned char *p1, *p2;
 unsigned char i, j;
 i＝25;
 j＝15;
 p1＝&i;
 p2＝&j;
 P0＝*p1＋*p2;
   while(1);
}
```

(2) 设 8051 单片机时钟频率为 6 MHz，分析下面程序实现什么功能：(8 分)

```c
#include "reg51.h"
sbit P10=P1^0;
void main()
{
TMOD=0x01;
TH0=(65536-25000)/256;
TL0=(65536-25000)%256;
ET0=1;
EA=1;
TR0=1;
while(1);
}
void T0_srv(void) interrupt 1 using 1
{
TH0=(65536-25000)/256;
TL0=(65536-25000)%256;
P10=! P10;
}
```

6. 编程题(共 30 分)

(1) 让接在 P1.0 引脚上的 LED 发光，试编程。(8 分)

(2) 外部中断 0 引脚(P3.2)接一个开关，P1.0 接一个发光二极管。开关闭合一次，发光二极管改变一次状态，需要考虑消抖，试编程。(10 分)

(3) 在 8051 系统中，已知振荡频率是 12 MHz，用定时器/计数器 T0 实现从 P1.1 产生周期是 2 s 的方波，试编程。(12 分)

自 测 题 三

1. 单项选择题(每题 1 分，共 20 分)

(1) 设有 int i，j，则表达式 i=1，j=i++，则 j 的值为(　　)。

　　A. 1　　　　　　　　B. 2　　　　　　　　C. 3　　　　　　　　D. 4

(2) 8051 单片机共有(　　)个串行口。

　　A. 1　　　　　　　　B. 2　　　　　　　　C. 3　　　　　　　　D. 4

(3) 使用宏来访问绝对地址时，一般需包含的库文件是(　　)。

　　A. reg51.h　　　　　B. absacc.h　　　　C. intrins.h　　　　D. startup.h

(4) 执行

```c
#define PA8255 XBYTE[0x3FFC];
PA8255=0x7e;
```

后存储单元 0x3FFC 的值是(　　)。

　　A. 0x7e　　　　　　B. 8255H　　　　　C. 未定　　　　　　D. 7e

(5) 在方式 0 下，串行口发送中断标志 TI 的特点是(　　)。

A. 发送数据时 TI＝1　　　　　　　　　　　B. 发送数据后 TI＝1

C. 发送数据前 TI＝1　　　　　　　　　　　D. 发送数据后 TI＝0

(6) 设有 int a[ ]＝{10，11，12}，int*p＝&a[0]；则执行完 p＋＝2；*p＋＝1；后，a[0]、a[1]、a[2]的值依次是 (　　)。

A. 10、11、13　　　B. 11、12、12　　　C. 10、12、12　　　D. 11、11、12

(7) 8031 单片机共有(　　)个外部中断输入口。

A. 1　　　　　　　B. 2　　　　　　　C. 3　　　　　　　D. 4

(8) 复位时 RST 端保持高电平时间最少为(　　)。

A. 1 个时钟周期　　B. 2 个时钟周期　　C. 1 个机器周期　　D. 2 个机器周期

(9) 8051 的 4 个并口中，无内部上拉电阻的并口是(　　)。

A. P0　　　　　　　B. P1　　　　　　　C. P2　　　　　　　D. P3

(10) 8051 的 4 个并口中，输出访问外部存储器高 8 位地址线的并口是(　　)。

A. P0　　　　　　　B. P1　　　　　　　C. P2　　　　　　　D. P3

(11) 8051 单片机 ALE 输出信号频率与时钟信号频率的关系是(　　)。

A. 与时钟信号频率一样　　　　　　　　　B. 时钟信号频率的 1/4

C. 时钟信号频率的 1/6　　　　　　　　　D. 时钟信号频率的 1/12

(12) 8051 单片机 C51 中用关键字(　　)来改变寄存器组。

A. interrupt　　　B. unsigned　　　C. using　　　D. reentrant

(13) 计数器/定时器为自动重装初值的方式为(　　)。

A. 方式 0　　　　　B. 方式 1　　　　　C. 方式 2　　　　　D. 方式 3

(14) 采用可变波特率的串行通信的工作方式为(　　)。

A. 方式 0 和方式 2　　　B. 方式 1 和方式 3

C. 方式 0 和方式 3　　　D. 方式 2 和方式 3

(15) 如果将中断优先级寄存器 IP 设置为 0x0A，则优先级最高的是(　　)。

A. 外部中断 1　　　　　　　　　　　　　B. 外部中断 0

C. 定时器/计数器 1　　　D. 定时器/计数器 0

(16) ADC0809 的启动转换的信号是(　　)。

A. ALE　　　　　　B. EOC　　　　　　C. CLOCK　　　　　D. START

(17) DS18B20 的总线方式是(　　)。

A. SPI　　　　　　B. I2C　　　　　　C. ONE-WIRE　　　D. SP2

(18) 若 8255 的工作方式控制字为 99 H 时，8255 工作于(　　)。

A. A 口输入 B 口输出　　　　　　　　　　B. A 口输入 B 口输入

C. A 口输出 B 口输出　　　　　　　　　　D. A 口输出 B 口输入

(19) 8051 中与定时/计数中断无关的寄存器是(　　)。

A. TCON　　　　　B. TMOD　　　　　C. SCON　　　　　D. IP

(20) 若要访问 8155 中的 256 个字节静态存储器，则有(　　)。

A. CE＝0、IO/M＝0　　　　　　　　　　B. CE＝0、IO/M＝1

C. CE＝1、IO/M＝0　　　　　　　　　　D. CE＝1、IO/M＝1

2. 填空题(每空 1 分，共 23 分)

(1) 8051 单片机的 P0~P3 口均是_____I/O 端口，其中的 P0 口和 P2 口除了可以进行数据的输入输出外，通常还用来构建系统的_____和_____。

(2) 8051 单片机外部中断请求信号有电平方式和_____。在电平方式下，当采集到 INT0、INT1 的有效信号为_____时，激活外部中断。

(3) 定时器/计数器的工作方式 3 是指将_____拆成两个独立的 8 位计数器。另一个定时器/计数器此时通常只可作为_____使用。

(4) 若采用 12 MHz 的晶体振荡器，则 MCS-51 单片机的振荡周期为_____μs，机器周期为_____μs。

(5) C51 的存储类型有_____、_____、_____、_____、_____和_____。

(6) C51 的存储模式有_____、_____和_____。

(7) 若采用 12 MHz 的晶体振荡器，采用工作方式 0 进行串行通信，则波特率为_____bit/s。

(8) ADC0809 引脚 EOC 的作用是_____。

(9) I^2C 总线的接口线一根是_____线 SCL，另一根是_____线 SDA。

(10) SPI 是 MOTOROLA 公司推出的_____制的高速、全双工同步串行总线。

3. 简答题(每题 5 分，共 25 分)

(1) 单片机时钟电路的作用是什么？

(2) 什么是单片机的中断系统？

(3) 使用 8051 单片机定时器编程的过程是什么？

(4) 哪些变量类型是 51 单片机直接支持的？

(5) 8051 单片机扩展数据存储器 6264 芯片的要点是什么？

4. 程序分析题(共 8 分)

如图 1 所示，8051 单片机 P1 口的 P1.0 和 P1.1 各接一个开关 S_1、S_2，P1.4、P1.5、P1.6 和 P1.7 各接一只发光二极管。阅读下面的程序，对重要语句添加注释，以说明其功能。

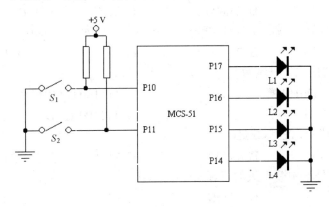

图 1

```c
#include "reg51.h"
void main()
{
    char a;
    do {
      a=P1;
      a=a&0x03;
      switch (a)
      {
        case0: P1=0x13; break;
        case1: P1=0x43; break;
        case2: P1=0x23; break;
        case3: P1=0x83; break;
      }
    } while (1);
}
```

5. 编程题(共 24 分)

(1) 外部中断 0 引脚(P3.2)接一个开关，P1.0 接一个发光二极管。开关闭合一次，发光二极管改变一次状态，不需要考虑消抖，试编程。(10 分)

(2) 在 8051 系统中，已知振荡频率是 12 MHz，用定时器/计数器 T1 实现从 P1.1 产生高电平宽度是 10 ms、低电平宽度是 20 ms 的矩形波，试编程。(14 分)

自 测 题 四

1. 单项选择题(每题 1 分，共 20 分)

(1) 在 C51 的数据类型中，unsigned char 型的数据长度和值域为(   )。
   A. 单字节，−128∼127 B. 双字节，−32678∼32767
   C. 单字节，0∼255 D. 双字节，0∼65535

(2) 10101.101B 转换成十进制数是(   )。
   A. 46.625 B. 23.625 C. 23.62 D. 21.625

(3) 存储器的地址范围是 0000H~0FFFH，它的容量约为(   )KB。
   A. 1 B. 2 C. 3 D. 4

(4) 3D.0AH 转换成二进制数是(   )。
   A. 111101.0000101B B. 111100.0000101B
   C. 111101.101B D. 111100.101B

(5) 73.5 转换成十六进制数是(   )。
   A. 94.8H B. 49.8H C. 111H D. 49H

(6) 8031 中与外部中断无关的寄存器是(   )。
   A. TCON B. SCON C. IE D. IP

(7) P0 口数据/地址分离需要的数字逻辑器件是(   )。

A. 8 位缓冲器　　　　　B. 8 位锁存器　　　　　C. 8 位移位寄存器　　　D. 8 反相器

(8) 8031 控制 P0 口数据/地址分离的控制线是(　　)。

A. ALE　　　　　　　　B. PSEN　　　　　　　C. RD　　　　　　　　D. WR

(9) 若 P2.6、P2.4 为线选法的存储芯片的片选控制，无效的存储单元地址是(　　)。

A. B000H　　　　　　　B. F000H　　　　　　　C. E000H　　　　　　　D. 9000H

(10) 8031 的 4 个并口中，无第二功能的并口是(　　)。

A. P0　　　　　　　　　B. P1　　　　　　　　　C. P2　　　　　　　　　D. P3

(11) MCS-51 单片机可分为两个优先级别，各中断源的优先级别设定是利用寄存器
(　　)。

A. IE　　　　　　　　　B. IP　　　　　　　　　C. TCON　　　　　　　D. SCON 42

(12) MCS-51 系列单片机的定时器 T0 用作定时方式时，采用工作方式 1，则初始化编程为(　　)。

A. TMOD＝0x01　　　B. TMOD＝0x50　　　C. TMOD＝0x10　　　　D. TCON＝0x02

(13) LED 数码管若采用动态显示方式，下列说法错误的是(　　)。

A. 将各位数码管的段选线并联

B. 将段选线用一个 8 位 I/O 端口控制

C. 将各位数码管的公共端直接接在+5 V 或 GND 上

D. 将各位数码管的位选线用各自独立的 I/O 端口控制

(14) C 程序总是从(　　)开始执行的。

A. 主程序　　　　　　　B. 主函数　　　　　　　C. 子程序　　　　　　D. 主过程

(15) ADC0809 是一种采用(　　)进行 A/D 转换的 8 位接口芯片。

A. 计数式　　　　　　　B. 双积分式　　　　　　C. 逐次逼近式　　　D. 并行式

(16) 8051 单片机内有(　　)个 16 位的定时器/计数器，每个定时器/计数器都有(　　)种工作方式。

A. 4，5　　　　　　　　B. 2，4　　　　　　　　C. 5，2　　　　　　　D. 2，3

(17) DAC0832 可以实现两路模拟信号的同步输出，这是利用了该芯片的(　　)特性。

A. 单极性　　　　　　　B. 双极性　　　　　　　C. 单缓冲　　　　　　D. 双缓冲

(18) DAC0832 是一种(　　)芯片。

A. 8 位模拟量转换成数字量　　　　　　　B. 16 位模拟量转换成数字量

C. 8 位数字量转换成模拟量　　　　　　　D. 16 位数字量转换成模拟量

(19) 串行口的发送数据和接收数据端是(　　)。

A. TXD 和 RXD　　　　B. TI 和 RI　　　　　　C. TB8 和 RB8　　　D. REN

(20) MCS-51 系列单片机串行口发送的工作过程是：当串行口发送完一帧数据时，将 SCON 中的(　　)，向 CPU 申请中断。

A. RI 置 0　　　　　　　B. TI 置 0　　　　　　　C. RI 置 1　　　　　　D. TI 置 1

2. 填空题(每空 1 分，共 35 分)

(1) 单片机即一个芯片的计算机，此芯片上包括五部分，即运算器、＿＿＿＿＿、
＿＿＿＿＿、输入部分和＿＿＿＿。

(2) P0、P1、P2、P3 这 4 个均是_____位的_____口(填"串行"还是"并行"),其中 P0 的功能是_____;P2 口的功能是_____;_____是双功能口;_____是专门用 I/O 端口。

(3) 在 8051 单片机中,使用 P2、P0 口传送_____,用 P0 口来传送_____信号,这里采用的是_____技术。

(4) 当 8051 的 RST 端上保持_____个机器周期以上_____电平时,8051 即发生复位。

(5) 使用 8031 单片机时需将 EA 引脚接_____电平,因为其片内无_____存储器。

(6) 8051 单片机的 RST 引脚的作用是_____,其操作方式有_____和_____两种方式。

(7) 8051 单片机有_____个中断源,_____级中断优先级别。

(8) 8255A 属于可编程的_____(并行/串行)接口芯片,8255A 的 A 通道有_____种工作方式,B 通道有_____种工作方式。

(9) I/O 端口作为通用输入/输出口时,在该端口引脚输入数据时,应先向端口锁存器进行_____操作。

(10) 在一般情况下实现片选的方法有两种,分别是_____和_____。

(11) 12 根地址线可选_____个存储单元,32 KB 存储单元需要_____根地址线。

(12) MCS-51 单片机访问片外存储器时,利用_____信号锁存来自_____口的低 8 位地址信号。

(13) 16 KB ROM 的首地址若为 1000 H,则末地址是_____。

(14) 三态缓冲寄存器的"三态"是指_____态、_____态和_____态。

3. 判断题(每题 1 分,共 10 分)

(1) EPROM 中存放的信息在计算机执行程序时只读,且断电后仍能保持原有的信息。
( )

(2) 在 8051 系统中,一个机器周期等于 1 μs。 ( )

(3) 外部中断 0 的中断类型号是 1。 ( )

(4) 锁存器、三态缓冲寄存器等简单芯片中没有命令寄存和状态寄存等功能。 ( )

(5) 低优先级的中断请求不能中断高优先级的中断请求,但是高优先级中断请求能中断低优先级中断请求。 ( )

(6) 定时器/计数器可由 TMOD 设定 5 种工作方式。 ( )

(7) MCS-51 中的 P0 可以分时复用为数据口和地址输出口。 ( )

(8) 当 P2 口的某些位用作地址线后,其他位不可以用作 I/O 端口线使用。 ( )

(9) 为使准双向的 I/O 端口工作在输入方式,必须保证它被预置为"1"。 ( )

(10) 串行通信可分为异步通信和同步通信两类。 ( )

4. 简答题(每题 5 分,共 20 分)

(1) 简述并行通信和串行通信的特点。

(2) MCS-51 系列单片机中用于中断允许和中断优先级控制的寄存器分别是什么?写出

中断允许控制寄存器的各控制位的符号及含义。

(3) 用 1602 液晶实现字符显示的编程步骤是什么？

(4) 单片机系统的三总线的构造方法是什么？

5. 编程题(共 15 分)

编程实现使用 8051 单片机 U1 通过串行口 TXD，将数码管 1、2、3、4 共 4 个数字的字型码以方式 1 循环发送至 8051 单片机 U2 的 RXD，并由 U2 控制 P1 口上的数码管进行显示。

自 测 题 五

1. 单项选择题(每题 1 分，共 20 分)

(1) 单片机能够直接运行的程序是(　　)。

    A. 汇编源程序　　　　　　　　　　B. C 语言源程序

    C. 高级语言程序　　　　　　　　　D. 机器语言源程序

(2) 8051 单片机的 EA 引脚(　　)。

    A. 必须接+5 V 电源　　　　　　　　B. 必须接地

    C. 可悬空　　　　　　　　　　　　D. 以上 3 种视需要而定

(3) 简单输出扩展主要采用(　　)实现。

    A. 三态数据触发器　　B. 三态数据寄存器

    C. 三态数据锁存器　　D. 三态数据缓冲器

(4) 在单片机 CPU 中，控制器的功能是(　　)。

    A. 进行逻辑运算　　　　　　　　　B. 进行算术运算

    C. 分析指令并发出相应的控制信号　D. 只控制 CPU 的工作

(5) 当外部中断请求的信号方式为脉冲方式时，要求中断请求信号的高电平状态和低电平状态都应至少维持(　　)。

    A. 1 个机器周期　　　　　　　　　B. 2 个机器周期

    C. 4 个机器周期　　　　　　　　　D. 10 个晶振周期

(6) 外部扩展存储器时，分时复用做数据线和低 8 位地址线的是(　　)。

    A. P0 口　　　　　　B. P1 口　　　　　　C. P2 口　　　　D. P3 口

(7) MCS-51 的并行 I/O 信息有两种读取方法，一种是读引脚，另一种是(　　)。

    A. 读锁存　　　　　B. 读数据　　　　　C. 读累加器 A　　D. 读 CPU

(8) 区分片外程序存储器和数据存储器的最可靠方法是(　　)。

    A. 看其芯片型号是 RAM 还是 ROM

    B. 看其位于地址范围的低端还是高端

    C. 看其离 8051 芯片的远近

    D. 看其是被 RD 信号连接还是被 PSEN 信号连接

(9) MCS-51 系列单片机的定时器 T1 用作计数方式时的计数脉冲是(　　)。

A. 外部计数脉冲由 T1(P3.5)输入

B. 外部计数脉冲由内部时钟频率提供

C. 外部计数脉冲由 T0(P3.4)输入

D. 由外部计数脉冲提供

(10) 使 MCS-51 系列单片机的定时器 T0 停止计数的语句是(   )。

A. TR0＝1   B. TR1＝0   C. TR0＝0   D. TR1＝1

(11) 当外部中断 0 发出中断请求后，中断响应的条件是(   )。

A. ET0＝1   B. EX0＝1   C. IE＝0x81   D. IE＝0x61

(12) 在 80C51 单片机中，利用串行口进行并口扩展时应采用(   )。

A. 方式 0   B. 方式 1   C. 方式 2   D. 方式 3

(13) ADC0809 芯片是 m 路模拟输入的 n 位 A/D 转换器，m、n 分别为(   )。

A. 8、8   B. 8、9   C. 8、16   D. 1、8

(14) 8279 是 Intel 公司生产的(   )接口芯片。

A. 可编程键盘/显示器   B. 可编程并行接口

C. 可编程定时器   D. 可编程中断

(15) 串行口的控制寄存器是(   )。

A. SMOD   B. SCON   C. SUBF   D. PCON

(16) 在 8051 单片机中，10 位数据可变波特率的双机通信应采用(   )。

A. 方式 0   B. 方式 1   C. 方式 2   D. 方式 3

(17) MCS-51 单片机在同一优先级的中断源同时申请中断时，CPU 首先响应(   )。

A. 外部中断 0   B. 外部中断 1

C. 定时器 0 中断   D. 定时器 1 中断

(18) MCS-51 系列的单片机的 4 个并行 I/O 端口作为通用 I/O 端口使用，在输出数据时，必须外接上拉电阻的是(   )。

A. P0 口   B. P1 口   C. P2 口   D. P3 口

(19) 8255A 的各种工作方式中，适用于不需要联络信号的无条件传送方式的是(   )。

A. 方式 0   B. 方式 1   C. 方式 2   D. 方式 3

(20) 串行 EEPROM 芯片 CAT24WC04 支持(   )数据传送协议。

A. 单总线   B. I^2C 总线   C. SPI 总线   D. 三总线

2. 填空题(每空 1 分，共 35 分)

(1) MSC-51 系列单片机中，片内无 ROM 的机型是_____，有 4 KB ROM 的机型是_____，有 4 KB EPROM 的机型是_____。

(2) 8051 单片机若设定 IP＝00010110B，则优先级别最高的是_____，其次分别是_____、_____和_____，最低的是_____。

(3) MCS-51 单片机 8031 中有 2 个_____位的定时器/计数器，可以被设定的工作方式有_____种。

(4) 若系统晶振频率为 12 MHz，则 T0 工作于方式 0 时的最大定时时间是

_____ms，工作于方式 1 时的最大定时时间是_____ms，工作于方式 2 时的最大计数脉冲个数是_____个。

(5) 若系统晶振频率为 6 MHz，则时钟周期为_____μs，机器周期为_____μs。

(6) 74LS138 是具有_____个输入、_____个输出的译码器芯片。

(7) 74LS373 是常用的_____芯片，74LS244 是常用的_____芯片。

(8) 在串行口异步通信中若采用工作方式 2，串行口每秒传送 250 个字符，则对应波特率为_____bit/s。

(9) 8051 的串行口控制寄存器中有 2 个中断标志位，它们是_____和_____。

(10) 串行通信可以分成_____通信和_____通信两大类。

(11) LED 显示器的显示控制方式有_____显示和_____显示两大类。

(12) LED 显示器根据二极管的连接方式可以分为_____和_____两大类。

(13) CPU 与内存或 I/O 接口相连的系统总线通常由_____、_____、_____等 3 种信号线组成。

(14) ADC0809 是将_____转换为_____，DAC0832 是将_____转换为_____。

3. 简答题(每题 5 分，共 15 分)

(1) 简述列扫描方式检查键盘是否有键闭合的原理。

(2) 简述数码管动态显示的概念和原理。

(3) 什么是单总线？单总线的工作过程是什么？

4. 编程题(共 3 小题，共 30 分)

(1) 编程实现在 P2 口上的 1 个共阳极数码管循环显示数字 4、5、6(相应段码分别为 0x99、0x92 和 0x82)，并设计相应电路。(10 分)

(2) 8255A 的 A 端口和 B 端口分别连接两个数码管，编程实现两数码管分别间隔 1s 显示数字"0、1""1、2"…"8、9"。(10 分)

(3) 编程并设计相应电路，应用 ADC0809 检测模拟量电压(0～5 V)，并将整数部分送 P1 口上的数码管显示。(10 分)

参 考 文 献

[1] 何立民. 单片机应用系统设计[M]. 北京：北京航空航天大学出版社，1997.

[2] 张毅刚. 单片机原理及接口技术[M]. 北京：人民邮电出版社，2011.

[3] 王东峰，王会良，董冠强. 单片机 C 语言应用 100 例[M]. 北京：电子工业出版社，2009.

[4] 赵全利，张之枫. 单片机原理及应用 C51 版[M]. 北京：机械工业出版社，2012.

[5] 汪建. 单片机原理及应用技术[M]. 武汉：华中科技大学出版社，2012.

[6] 马忠梅. 单片机的 C 语言应用程序设计[M]. 北京：北京航空航天大学出版社，2007.

[7] 陈海宴. 51 单片机原理及应用：基于 Keil C 与 Proteus[M]. 北京：北京航空航天大学出版社，2010.

[8] 夏路易. 单片机原理及应用：基于 51 与高速 SoC51[M]. 北京：电子工业出版社，2010.

[9] 周国运. 单片机原理及应用(C 语言版)[M]. 北京：中国水利水电出版社，2009.

[10] 郑锋. 51 单片机典型应用开发范例大全[M]. 北京：中国铁道出版社，2011.

[11] 闫玉德，俞虹. MCS-51 单片机原理与应用(C 语言版)[M]. 北京：机械工业出版社，2003.

[12] 魏鸿磊，张福艳. 单片机原理与应用：C 语言编程[M]. 上海：同济大学出版社，2015.